JOURNEY OF TURKISH FOOD

MY DAUGHTER'S FIRST CLASS

吳鳳與女兒
的土耳其餐桌

傳承 30 道愛與回憶的家常料理

吳鳳 UĞUR RIFAT KARLOVA　　著

獻給我的女兒

SUSAM
YERLI
SESAM
GÜNLÜK
SIGLA
INCENSE
LAVANTA
ÇIÇEGI
SUMAK
FOR SALAD

土耳其香料 /Photo by Tom Hermans

CONTENTS

CHAPTER

1

認識土耳其飲食文化

CHAPTER

2

愛與回憶的成長之味

CHAPTER

3

土耳其好滋味
家常料理

CHAPTER

4

鄂圖曼帝國的
美食遺產

土耳其料理
世界上最豐富的飲食文化

　　土耳其主菜的歷史是跟著火的發明開始。人類開始學會控制火候之後，各方面有很多的進展與新發明的誕生。雖著歷史的發展，人類也慢慢開始使用許多新的餐具及料理道具。土耳其美食的豐富度與變化大的原因是我們國家的地理位置。中亞來的肉類與奶類、美索不達米亞的菇類、地中海的蔬菜水果、東南亞來的香料都是在土耳其這塊土地上融合，創造世界最豐富的飲食文化之一。

　　突厥人第一次來到安納托利亞的時候，這塊土地已經有好幾百年留下來的美食文化。再加上後來的羅馬帝國、波斯帝國、希臘、阿拉伯等各族群的影響，安納托利亞地區也經歷很多的變化。最後鄂圖曼帝國的建立把整個美食文化重新整理，也就形成現在大家看到的土耳其美食。

　　突厥人在中亞的時候很常吃馬肉、綿羊、駱駝、牛奶、起司、優格跟豆類！當時的祖先喜歡吃蜂蜜、喝馬奶酒。從中亞遷移到安納托利亞的時候，這些習慣也受到其他族群的影響開始改變了。

　　鄂圖曼帝國帝國時期，人民吃的食物比較簡單，但是皇宮總是有很多豐盛料理。若到土耳其旅行，可以去參觀伊斯坦堡的托普卡匹皇宮，首先會注意到的是當時的廚房規模！相當龐大，而且整個做菜的流程都有 SOP。皇宮也不斷地讓土耳其美食文化進步。當時廚房工作的每一個人都有不同的工作項目，分配工作也是相當仔細且純熟。只有專業廚師才能進廚房接觸食材。在皇宮當一個廚師很難而且需要很多年的訓練。

　　土耳其共和國建立之後，土耳其美食進入到一個新的時代。這個

知名廚師 Esat Özata

時候開始蓋很多大工廠，不少新投資讓土耳其慢慢開始往工業化方向發展，因此也出現了美食服務業的企業。軍隊也有專屬的廚房。這樣土耳其的美食行業也從私人企業拓展到軍隊。除了這些變化之外，平常日的一些小餐廳也開始營業，這些餐廳叫 Esnaf Lokantası。新出現的這些餐廳提供各式各樣的美食給上班族，很多工業區也有這種餐廳。現在的土耳其還是可以看得到來自這個時代的傳統。到了 90 年代，土耳其有更多私人企業建立，也有不少國外企業進入到土耳其的市場。

而這漫長的飲食文化演變之路，一直以來不變的是對家庭的重視。土耳其人非常重視與家人一起吃飯，享用美味的家常菜談論著生活中大小事，是最好的飲食時光。吳鳳現在於台灣成家立業了，透過這本食譜，不只是把豐富的土耳其飲食文化介紹給讀者，更是將自己的童年成長之味傳承給女兒。每道食譜都承載著家族的愛及回憶！

現在的土耳其美食已經變成一個獨立的美食世界。吳鳳的這本書，將帶領讀者進入這個具有豐富變化且又獨一無二的美食世界，探索三大飲食文化之一的美味饗宴。

Esat Özata
知名廚師、節目主持人、貝伊肯特大學（Beykent University） 餐飲管理系 副教授

❋ ❋ ❋

作者序

來自土耳其的
美食饗宴

　　2018 年初《來自土耳其的邀請函》出版之後，受到許多讀者朋友的喜愛。出版一年多，這本書也已經超過六刷。非常感謝每一位支持我的讀者，因為你們的肯定與鼓勵，讓我更有信心用寫作的方式，繼續往成為東西方文化橋樑的目標邁進。

　　《來自土耳其的邀請函》是一本文化旅遊書，讓讀者從土耳其的著名觀光景點，進一步對土耳其的歷史、文化有更深厚的認識。許多人看完這本書，都會問我：「吳鳳，我們很喜歡你的書，但是為什麼沒有介紹更多的美食呢？」其實，答案很簡單。土耳其是一個非常大的國家（約台灣的 22 倍大），每個區域的特色、氣候、風俗文化也都有很大的差別。因此難以在一本書裡完整介紹土耳其所有的資訊。所以這次，我決定把大家最感興趣的美食文化單獨出來，也就是你現在手上拿的這本書。

　　這本書為你們打開一扇通往土耳其美食世界的門，除了豐富的飲食資訊和我的個人故事外，我特別重視土耳其家常料理。因為對土耳其人來說，媽媽做的料理最美味，最值得品嚐，每一道料理充滿著愛及回憶。

　　土耳其語的家常料理是 Ev yemekleri。在很多餐廳招牌上也可以看得到 Ev yemekleri 這個字。代表這家餐廳提供的餐點，烹飪過程比

我在傳統市場找食材｜傳統賣芝麻麵包（Simit）的方式

較接近媽媽的方式，所以讓人特別想吃。

　　家常料理最早可以追溯到鄂圖曼帝國時代。皇宮裡準備各式各樣的豐盛佳餚，慢慢地紅到宮外，進入一般人民生活中。大家也開始在家裡烹調這些宮中美食，變成了家家戶戶的家常料理。過了幾百年之後，土耳其人的家常料理也發展成為一個豐富的美食文化。

　　說了這麼多家常菜，我相信讀者一定也想要學會怎麼做。因此這本書，我特別選出 30 道著名的土耳其家常料理食譜分享給大家。這些料理都是我常做給老婆跟女兒吃的，她們都很喜歡，所以我更有信心你們也會喜歡。不用擔心很複雜，食材和步驟都很容易準備。我保證你們第一次做就會成功（或至少第二次就會成功，哈哈）。

除了食譜，這本書的內容還包括鄂圖曼帝國的飲食歷史。畢竟土耳其美食的名氣及吸引力皆要歸功於鄂圖曼帝國時期，所以一定要認識這時代的飲食文化與發展過程，才能更全面了解現今的土耳其美食文化。看完我的書之後，我相信會有許多讀者更想親自去一趟土耳其旅行，當然，也想品嚐更多在地料理。所以書的最後，我也收錄了伊斯坦堡必吃的 10 家餐廳，都是在地人推薦，觀光客比較少去的地方。我猜，在我的書出版前，應該還沒有台灣人去吃過。

　　上一本書《來自土耳其的邀請函》裡，我跟讀者們說：「你們是我的客人。打開我的書代表你們來到我的家，所以請讓我好好招待你。」這本書，我也抱持一樣的精神與熱情。不過這一次的旅行會充滿著美食的香氣及濃濃的家鄉味。請好好享受這趟旅行的每一步，歡迎來當我的客人。但是千萬不要吃太少！因為土耳其人跟台灣人一樣，來到我們的家作客一定要吃飽飽，主人才會開心！

　　用餐愉快！Afiyet Olsun！

2019 年 6 月

享受我家鄉的美食和國酒

CHAPTER

1

認識
土耳其飲食文化

視美食爲生命的土耳其人

土耳其美食地圖

土耳其常見穀物和香料

土耳其常見器皿

❋ ● ❋

視美食為生命的
土耳其人

土耳其愛客人

　　如果想要知道土耳其人有多重視美食的話，一定要親自去一位土耳其人的家作客。在短短的時間內出現的料理，包準讓你很驚訝。我記得老婆第一次來到我家鄉泰基爾達（Tekirdağ）的時候，我阿姨和妹妹為她準備各式各樣的家常料理。老婆一看到滿桌的美食，和豐盛的菜色，就以為妹妹和阿姨是請專業的廚師來家裡做菜。

　　其實老婆的反應一點都不意外。因為在土耳其文化裡，客人很重要，所以主人一定要準備豐盛的美食給客人。土耳其有一句話：Misafir on kısmetle gelir,birini yer dokuzunu bırakır。意思是客人帶來好運跟幸福，離開的時候也把這些留給主人。

　　大部份的土耳其人都很喜歡招待客人，廚房裡隨時備有很多美食，尤其很多家庭主婦在家裡自己做，手工蛋糕、餅乾都難不倒她們。有些美食甚至外面的餐廳也不容易找得到。光看土耳其人幫客人準備的家常料理照片，就知道我的意思。實在是太豐盛了！

　　很多土耳其人的家有一個專門招待客人的大餐桌，一些房子還會有一個飯廳讓更多客人一起品嚐美食。我記得小時候我們的飯廳只有客人在的時候可以用。有時候客人多到飯廳變成晚會一樣熱鬧。桌上什麼美食都有，甜的、鹹的，每次看到都讓人口水直流。

阿姨準備的家常料理

阿姨的手工餅乾

海鮮就是要這樣吃！

　　我知道台灣人有些大家庭也有飯廳，但都市因為房子比較小，很多飯廳就被省略了。其實台灣人招待客人的方式，及準備的美食不輸給土耳其人。在台灣若遇到客人來訪，主人也都熱情的準備很多在地美食讓客人品嚐。尤其是中南部，過節的時候也特別喜歡客人到家裡坐坐。我去過很多台灣朋友的家，每次都吃得超飽才有辦法離開。台灣人也是跟土耳其人一樣很重視客人。客人吃越多，主人越開心。

　　在土耳其，有的主人如果發現客人吃很少，就會跟客人說：Yemezsen ölümü gör! 意思就是，如果你不吃這道菜，我就會死掉！雖然聽起來有點可怕，但是在土耳其文化裡，這句話代表主人很想要盡到待客之道。有時候我在台灣的中南部也會遇到這樣的人，他們把一堆水果拿出來請我吃。也有一些在地人送好幾公斤的水果說：這個是禮物，一定要帶回家吃！而且不拿也不行，結果我拿著 10 公斤的水果搭高鐵，這畫面真的很好笑。雖然台灣跟土耳其之間有 8000 公里的距離，但是濃濃的人情味都是一樣。

土耳其美食功臣——鄂圖曼帝國

　　土耳其人的祖先是突厥人，我相信大家都聽過他們。突厥人很早是在亞洲生活的遊牧民族。雖然現在的土耳其美食文化裡面還是有突厥人留下來的蹤跡，但是主要的美食文化是從大塞爾柱帝國（1037-1194）、魯姆蘇丹國（1075-1308）到鄂圖曼帝國（1299-1922）一路發展下來。最重要的部分還是來自鄂圖曼帝國。現在我們知道土耳其美食的很多菜

色與習俗，幾乎都是鄂圖曼帝國留下來的，因此很多人把土耳其美食形容成鄂圖曼料理。

鄂圖曼人曾經把吃飯當成一個儀式一樣珍貴。所以留下來很多習俗。例如：先讓長輩吃第一口、吃飯不要太大聲、不能邊走邊吃、不要站著吃飯、吃飯時不可以打嗝、先喝湯再吃主菜等等。除了這些規則之外，餐廳的美感跟氣氛也很重要。最簡單的例子是，土耳其的海鮮餐廳。大部分的海鮮餐廳都面海，裝潢也有海洋的氣息，服務品質當然也要好，才能稱作一家好的海鮮餐廳。

我每次回家鄉一定要找一家面海的餐廳，享受最新鮮的海鮮。很多土耳其人很享受在海邊品嚐美食。也因為土耳其提供這麼多的美食及歷史文化給觀光客，所以吸引無數的觀光客來旅行。目前世界第六大的觀光地是土耳其，光 2018 年就吸引了 4 千萬個觀光客前往。

來土耳其旅行的觀光客也很誇獎土耳其美食。雖然較廣為人知的是烤肉類（Kebap），不過烤肉也只是土耳其飲食的一小部分而已。

美食當話說

爸爸和老婆享受美味的海鮮

　　土耳其的美食文化除了影響到我們的生活之外，還影響到我們的語言。光聽土耳其人常說的一些話，很容易發現土耳其人有多重視美食。

　　這些有趣的說法之一是 Can boğazdan gelir 意思是：人的生命來自美食，一定要吃好料才有力量。有些人還開玩笑的說，Canboğazdangider 這句話可以翻譯成：要吃很多美食，但是不要過度，不然身體會受不了！哈哈。另外一句話很好笑的話：Yemek bulursan ye,dayak bulursan kaç! 意思是：找到美食馬上要吃，看到有人要打你馬上要跑！

　　還有一個說法是給女生比較多的壓力。Erkeğin midesine giden yol kalbinden geçer。中文也有這句話。意思是：為了要讓一位男生愛上你的話，首先必須要征服他的胃！是不是給女性帶來壓力呢？放心，一個男人愛上一個女人的原因絕對不是只因為美食啦！我老婆第一次聽到這句話，也很擔心的問我：「你是不是娶錯人了？因為我不太會做料理，尤其是土耳其家常料理，我根本都沒有辦法！」我跟她說：「不用擔心，我愛妳的原因不是妳會不會做菜，是會不會愛我、照顧我、鼓勵我。」結果老婆鬆了一口氣，哈。

　　不過我說真的，在土耳其還蠻多的女生很會做料理。尤其是比較鄉下或者小鎮的女生，她們很早就跟媽媽學很多傳統家常料理。土耳其傳統的媽媽覺得把女孩子訓練成一位很會做菜的人，是一個很重要的任務。在土耳其家庭裡，常常可以看到阿嬤、媽媽跟孫女三代一起準備料理。女生通常過了 15 歲之後，就變成很會做菜的人。

　　不過現在時代改變，許多年輕女生也在工作，並沒有辦法和傳統的女生一樣天天準備菜餚。最好的例子就是我妹妹。因為工作的關係，她只有週末或者特別節日進廚房準備家常料理給老公吃，其他時間她都是認真工作，晚上回家準備簡單的食物，或去婆婆家（畢竟她也是一位傳統的土耳其家庭婦女）享受好吃的家常料理。

女兒 Ekim 和我的妹妹

每天至少一大杯──
土耳其果汁文化

打開土耳其人家的冰箱，除了會發現豐富的食材外，也一定會找得到一大罐的果汁。喝果汁在土耳其是很常見的一個習慣。最大的原因是土耳其農產品產量很大，各個區域有不同特色和風味的水果。像是杏桃、櫻桃、紅石榴、蘋果等等。

我們小時候吃早餐一定要配果汁，除了對身體的好處很多，而且又好喝。我記得 10 歲的時候，我常常幫忙爸爸顧店，我午餐最愛吃吐司配果汁。一整天下來，我可以喝掉 5 瓶果汁！爸爸開玩笑的說：「你來這裡是幫我賺錢，結果你花錢的速度比賺錢還快！」哈哈。

我老婆第一次來土耳其的時候也發現我們常常喝果汁，幾乎每天喝不同的口味。她特別喜歡幾種台灣比較少見的口味，像是紅石榴、酸櫻桃。而且我們都特別選無加糖、100% 純天然的果汁。我女兒則特別喜歡杏桃口味的果汁。許多台灣人去土耳其旅行，也會從土耳其帶果汁回來。不過不用擔心，因為現在台灣也可以買的到我們小時候的回憶品牌──美愫（Meysu）。這個果汁品牌行銷至全世界 60 個國家，全天然、無加糖、無加防腐劑。比較獨特的口味是紅石榴、酸櫻桃跟杏桃。不過除了這些口味外，還有葡萄、蘋果、綜合、柳橙跟水蜜桃。每次一喝果汁，就讓我想起小時候滿滿的幸福回憶。

每天享受一大杯的健康果汁

保加利亞
BULGARIA

黑海
BLACK SEA

馬爾馬拉海
MARMARA
SEA

馬爾馬拉海
地區

中部安納
托利亞
地區

愛琴海
地區

愛琴海
地區

愛琴海
AEGEAN
SEA

地中海
MEDITERRANEAN
SEA

黑海
BLACK SEA
喬治亞
GEORGIA
亞美尼亞
ARMENIA
黑海地區
東部安納托利亞地區
伊朗
IRAN
東南部安納托利亞地區
地中海地區
伊拉克
IRAQ
敘利亞
SYRIA

土耳其美食地圖

土耳其
常見穀物和香料

貝殼麵

土耳其咖啡

乾玫瑰花瓣

乾羅勒葉

肉桂粉

蒔蘿草香料

孜然粉

小水餃　　古斯米

乾辣椒粉

糙米

白米

土耳其
常見器皿

咖啡壺

銅鍋

酸奶杯

銅盤

咖啡杯

紅酒杯

水壺

紅酒壺

2

愛與回憶的
成長之味

外婆的滋味

姑姑留下的美食回憶

餐桌上談教養

●　●　●

外婆的滋味

　　說到小時候家常料理的回憶，當然不能忘記我的外婆。她也是一位很傳統的女性，也是很會做菜的一個人。她活到 80 幾歲，都沒有停止做菜。我們每次去外婆家，都會有很多美食可以吃。有時候外婆還爲了我們準備全手工的小水餃，這道料理很需要經驗，必須要知道怎麼擀麵團。不是一個簡單的料理。只有專業的廚師可以做。但是外婆爲了我們都不覺得辛苦，每次都費時費力準備小水餃給我們吃。上面一定要加蒜頭優格、紅辣椒油，這道料理也是我小時候最好的回憶之一。

　　另外，我外婆每次有傳統節日的時候也會做一些特殊的甜點。她很常做堅果米布丁（Aşure，很像八寶粥的甜點）和果仁蜜餅。她還有一個很特別的習慣，就是把玫瑰水加進堅果米布丁裡面。小時候我不是很喜歡吃玫瑰水味道的甜點。我就跟外婆說：「我不想要吃玫瑰水口味啦！」外婆覺得玫瑰水是提味也是一種祝福，所以還是堅持要加。所以我也堅持不吃。還好後來姑姑幫我做沒有添加玫瑰水的堅果米布丁。

外婆和我們一家人

外婆抱著小時候的我

●　●　●

姑姑
留下的美食回憶

代替母職的偉大女性

雖然很多女生都是向媽媽學做菜，但是我和妹妹的故事不一樣。我每次說到這句話時會有點難過，因為我媽媽很早就走了。媽媽走的時候我才 4 歲，妹妹 2 歲半。那個時候一切都太突然，日子變得很辛苦！

還好這個時候出現一位英雄來稍微代替媽媽的位置，她就是我的姑姑。媽媽過世之後，我爸爸跟姑姑溝通，希望姑姑可以照顧我們。因為她沒有結婚，所以比較容易做這個決定，那時候她就搬到我們家。就這樣，我和妹妹從小到大都一直受到她的愛和照顧。

姑姑來照顧我們之後，阿嬤教她的家常料理，也變成我們生活的一部分。姑姑就和土耳其的傳統媽媽一樣，每天準備三餐給我們。她對美食的了解和烹飪方式都是獨一無二的。她有自己食材的比例、時間的掌控方式。這種傳統女性做菜的技術，只能跟在老一輩的人身邊學，沒有一個學校可以教你。這也是一代接一代留下來無可取代的遺產。

姑姑的拿手菜

她最愛做的美食有牛肉丸、扁豆、鷹嘴豆、香料燉豆、茄子鑲肉、馬鈴薯料理、雞肝鑲飯、香料米飯、米布丁等等。這些美食都是土耳其有名的家常料理。

我的姑姑 Melehat Karlova

我和妹妹小時候

妹妹的八歲生日

　　再加上她還會做出各種各樣的麵團美食。幾乎每個週末都有一些新的麵團料理，包含土耳其有名的春捲（Börek）、甜麵包（Açma）、蔥油餅（Gözleme）、可麗餅（Cıllık）、脆烤麵包（Poğaça）、酥餅（Kurabiye）等等。這些美味需要擀麵團的技術，和長期料理的經驗，不然很難做得出來。

　　我們真的很幸運，成長過程中一直都有很多美味的料理。每一個週末姑姑特地進廚房準備一些特別的蛋糕和麵團料理。她每次做菜，我們在旁邊好奇的觀察她認真做菜的樣子，而且她認真到還特別準備一本筆記本把新學的食譜都寫下來。所以她對美食的新知一天比一天多。有時候土耳其人愛誇獎自己媽媽做的菜最好吃，這個時候我跟妹妹也會說：「我們姑姑做的才最好吃！」她做過幾百種料理，我們從來都沒有抱怨過。她掌握口味的成功率幾乎是 100％！

到朋友家作客是交流食譜的好時機

　　土耳其傳統女生跟朋友聚會的時候，也很喜歡互相分享食譜。尤其是年紀比較大的女生很喜歡去朋友家作客。土耳其話叫做 Misafirlik。每一個星期女生們會聚集在一個朋友家，大家輪流招待。主人會預備給客人很多點心。而且還會有 Kolonya（一種檸檬口味的香水）倒在客人手上。這個聚會過程中，有些女生會玩遊戲，也有人在裁縫。通常大家會喝紅茶或土耳其咖啡。最有趣的是一些女生還會看咖啡占卜。土耳其話叫 Kahve Falı。咖啡占卜是一個歷史悠久的迷信。土耳其咖啡喝完之後，裡面會留下咖啡渣，占卜的人看這些咖啡渣就可以預測出未來要發生的事。很多女生很相信咖啡占卜。我妹妹也很愛玩。

　　但有點可惜的是，這種作客文化現在大城市越來越少見了，尤其是年輕人，因爲工作的關係很少會進行這樣的作客方式。我記得小時候我們家常常有很多姑姑的朋友來，我一進房子大家都在聊天，而且裡面一定會有很多點心的香氣。這個時候我只想著要趕快吃姑姑親手做的食物。

　　客人回家後，我姑姑繼續準備晚餐。爸爸白天去工作，晚上回家後我們全家一起吃飯。對土耳其人來說，晚餐一定要一起吃。這個是一種團圓的概念，代表家人之間的尊重。我們一開始先喝湯、沙拉，然後輪到主菜和飯。最後吃甜點水果。晚一點可以喝紅茶，有時候配一些堅果也是很常見的一個習慣。

　　有時候我們想要去外面吃一些特殊的綿羊料理或 BBQ，爸爸會帶我

姑姑的手寫食譜

們去。我們生活的城鎮比較小，所以沒有異國料理。基本上在土耳其不是那麼容易吃到異國料理，尤其是小城市的人根本沒有機會吃。我真正第一次吃到異國料理應該是在台灣，畢竟台灣很方便，幾乎每一個地方都找得到來自各國的美食。但是土耳其只有大城市有異國料埋，而且價格比台灣貴。

度假小屋的童年時光

我們小時候跟食物相關的另外一個回憶是暑假。因為我爸爸很早就在海邊買了一塊小土地，蓋了夢想中的度假小屋，所以我們每年一放暑假，全家就會去海邊住 3 個月。這個時候爸爸在我們的家鄉工作，週末來看我們。剩下的時間，我、妹妹和姑姑一起在海邊度假。

我們房子剛好在馬爾馬拉海旁，小小的，但是很舒服。有一個很寬的陽台，我們小時候幾乎每天都在陽台吃飯，一邊欣賞海景一邊品嚐姑姑的料理。姑姑夏天比較常做海鮮料理。但是土耳其人不像台灣人一樣很愛吃螃蟹或龍蝦。這些海產在土耳其比較少，價格也不便宜。所以我們基本上吃來自馬爾馬拉海特產的魚類。

我每次帶家人回土耳其的時候，我老婆也很愛坐在陽台，而且我們的庭院還有一個大的盪鞦韆，3 個人可以一起坐。我們在陽台休息的時候，可愛的貓咪也來加入我們。女兒非常喜歡這個環境。我覺得全世界讓我最輕鬆的地方，應該就是海邊這個小房子。

姑姑的離開

一直到 1997 年姑姑生病去世了。接下來的日子，換爸爸負責做菜給我們吃。因為他很晚結婚，所以單身的時候學過很多料理。他的雞肉和一些家常料理還挺好吃。而且我和妹妹已經長大，自己也開始會做菜來吃。幸好之前姑姑有教我和妹妹一些基本的美食作法。

我們偶爾會去阿姨家吃飯。當時外婆跟阿姨生活在一起，我們同時可以吃到兩位婦女不同特色的家常料理。她們做的菜也很好吃，只是我們還是很想念姑姑的料理。

17 歲時，我已經在旅遊職業學校讀書，所以做菜對我來說是很常見的一件事。當時我一邊學習，一邊認識各式各樣的食譜。回家的時候，也慢慢開始自己做一些新學的料理。畢竟爸爸工作，晚上才回家，我想要分擔他的家事。

18 歲那年我考上大學，繼續讀旅遊管理。考上的大學在土耳其南部地中海的一個小鎮阿納姆爾（Anamur）。土耳其最有名的草莓和香蕉來自這裡。每個土耳其男人離開自己家鄉時，都會遇到一個挑戰，就是自己料理食物，不然天天外食也不是辦法。有時我做的家常料理也常受到同學的讚賞，之後我更有信心。有時候會嘗試有難度的美食，雖然偶爾會失敗，但最後都可以成功。

我有很多個廚藝厲害的阿姨

　　第一個大學畢業後，2002 年我在安卡拉大學開始學中文，那個時候也一樣在外租房子，跟一位朋友分租。我常常負責做菜，從此，料理的習慣慢慢變成一個興趣。肚子餓時，想到要吃什麼，我就進廚房準備。如果不知道怎麼做，就問阿姨。有時候口味沒抓好也沒有關係，有開始才能慢慢累積經驗。我做菜的習慣，一路從土耳其跟著我來到台灣。

　　2006 年我剛來台灣的時候，我很少自己做菜。畢竟台灣很方便，到處都有很多美食可以吃，而且來到新的地方，我想要多嘗試在地的美食。

鄉愁為下廚的動力

　　在台灣我偶爾還是會做一些簡單的料理給同學吃。直到 2015 年結婚之後，我重新正式進入廚房。我想要讓老婆更了解我們的美食文化，所以我有空的時候就準備很多不同的家常料理。而且現在是網路時代，想要做什麼打開網路很快就能學起來。我每次成功做出一道料理給老婆吃，就會覺得很幸福。做菜給我一種童年的回憶和溫暖的家鄉味。而且老婆也跟著我學一些簡單的土耳其料理。她有時候也進廚房幫我做菜，讓我覺得更快樂。所以老婆已經不用怕，我是不是很在乎她會不會做菜了。因為她已經算是會做菜的台灣女孩了。

　　結婚的第一年，我就當爸爸了。我的第一個女兒加入我們的家庭之

後，我更認真研究更多的食譜。其實做菜不是一定要當廚師，做菜更像是一種娛樂，就像休閒活動一樣，看到喜歡的人愛吃，真的給人很大的快樂。唯一需要的是耐心，不是每一個人都喜歡進廚房，但是對我來說進廚房是一個責任，一種把自己文化分享給身邊人的感覺。尤其是當了爸爸之後，更想要把姑姑留下來的美食文化介紹給兩位女兒。我很希望孩子們更認識土耳其文化、瞭解爸爸以前的故事，所以準備家鄉料理不只是為了要填飽肚子，而是為了要把小時候記憶中的美味傳承給她們。

我在家裡固定下廚的習慣，也讓我女兒習慣土耳其美食。每年回去土耳其的時候，也不用擔心她會不會排斥家鄉料理。我妹妹看到我女兒很愛吃土耳其食物的時候，還問我：「到底她怎麼知道這些美食，而且都不排斥呢？」我說：「因為你哥哥很會做菜！」

我在家很用心準備料理給家人吃。看到她們臉上的快樂讓我變成一個幸福的男人。而且我和老婆分配工作了。我在家做菜，碗是老婆洗，哈哈！這個也是我們家的一個可愛的趣事。

餐桌上
談教養

　　對每一位土耳其人來說，吃飯時間是非常珍貴的。我爸爸算是一個傳統的土耳其男生，所以他最重視的第一個規則是全家人要一起吃飯。畢竟他一整天工作，回家的時候希望好好享受全家人一起的時光，希望可以一邊吃飯一邊聊天，開心的品嚐姑姑做的料理。很多土耳其人都覺得一起吃飯是家庭最重要的交流時間。

　　我爸爸不是一個很嚴格的人，但是還是希望我們吃飯的時候不要大聲講話、不要打嗝、不要浪費食物。他不會逼我們吃下每一道料理，但是他常常說每一道吃一點就好。而且姑姑也知道我們最喜歡吃什麼，所以也不會做我們不喜歡的料理。

Ekim 兩歲 | 2018 年和家人在土耳其海邊 | 和 Ekim 一起 | 2018 年回土耳其和家人相聚（由左到右）

　　我記得 6 歲的時候，我完全沒有辦法接受葡萄乾，每次吃就馬上吐，結果爸爸去向學校老師溝通，從此之後，學校再沒有給我任何一個有葡萄乾的食物！時間久了，我現在可以吃葡萄乾了，而且很喜歡！

　　現在的我，也像我爸爸一樣吃飯的時候希望全家一起。小時候我們電視機也開著，爸爸喜歡聽一些新聞。但是我沒有看電視的習慣，所以我們現在是吃飯、聊天，偶爾女兒發脾氣的話，我就開一個土耳其卡通給她看。全家一起吃飯實在是很幸福的一件事，我建議你們也是要有這個好習慣。

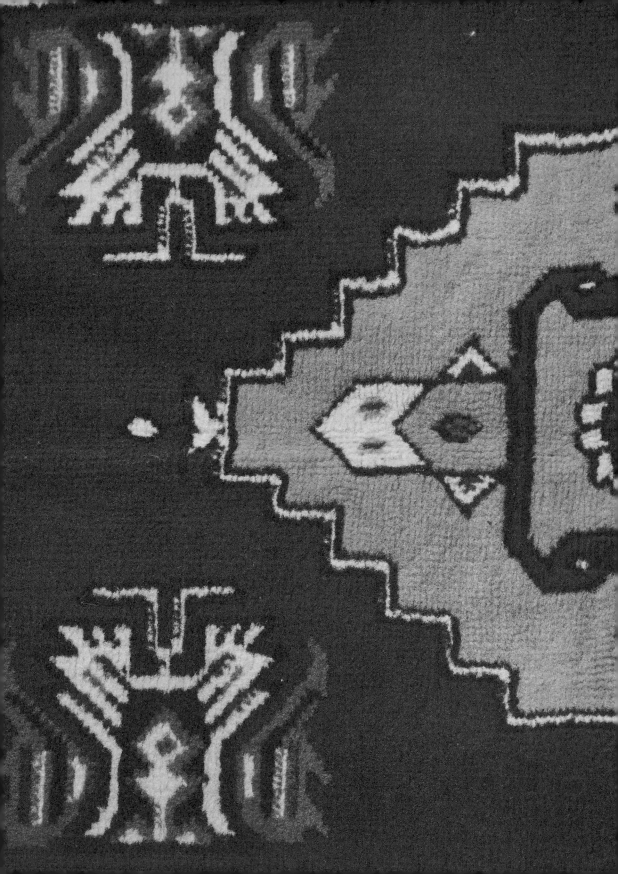

土耳其好滋味
家常料理

傳統早餐

前菜

主菜

飲料 & 甜點

傳統早餐

TÜRK KAHVALTISI

土耳其人說：「美好的一天從好的早餐開始。」每一個土耳其人早上起床，想到的第一件事就是吃早餐（當然還要先上廁所）。尤其是週末，早餐更是重要，時間比較多，想要好好休息，就不能不先吃一頓豐盛的早餐。與全家人一起聊天、吃著早餐，有時還可以一邊欣賞海景，真的是一種無價的享受。

光是土耳其豐富的早餐文化，就可以單獨寫一本書了。每一個區域都有獨自不同的食物及習慣。在這本書中，我介紹的是在台灣可以容易找得到的食材、準備起來方便、最基本的土耳其式早餐。

土耳其傳統早餐

　　準備一頓最傳統的土耳其早餐，我們通常會把食材單獨放在小盤子上，看起來美觀又可口。首先一定要有白起司。土耳其人不吃起司不行。每天早餐一定要有很多款的起司，各樣的選擇，想吃什麼口味都可以。土耳其人用牛、綿羊和山羊的奶來做出幾百種不同口味的起司。我自己偏愛白起司（Beyaz Peynir）。有另一種起司也深受土耳其人喜歡——卡夏兒起司（Kaşar Peyniri）。這種起司不同在於，製作過程中牛奶加熱至 60-65 度；而一般白起司加熱至 85-90 度。卡夏兒起司吃起來比較油，口感比較軟。還有熟成起司，這種起司在歐洲也相當受歡迎。

　　早餐除了起司之外，還需要準備番茄、黑橄欖、小黃瓜、水煮蛋、果醬、蜂蜜、糯米椒，可以淋上純的橄欖油在黑橄欖和番茄上，增加豐富度。還有麵包也不能缺席，烤過更有口感。如果愛吃肉的話，也可以煎香腸。不過我說的香腸，土耳其話叫 Sucuk，以牛肉或雞肉做成的，可惜在台灣難買到，若是有機會到土耳其旅行，一定要品嚐看看。土耳其香腸有點像臘肉，比較有口感，加入很多香料，風味獨特。如果吃很多的話，旁邊的朋友還會聞得到嘴巴留下來的味道。另外一種香腸是 Sosis，這個就是西方人常吃的熱狗。Sosis 的口感比較清淡，小朋友很喜歡吃。如果沒有膽固醇問題的話，還可以準備奶油。小時候外婆買的奶油都是在地人自己做的，我們很愛把奶油放在熱麵包上，香味濃郁，非常好吃。

　　至於飲料，就是要搭配最傳統的熱紅茶！土耳其人是世界上最愛喝紅茶的民族之一。大部分的土耳其人每天都要喝上好幾杯紅茶，有的會加一兩塊白糖在裡面。我們小時候，姑姑則是準備健康的無糖果汁。特別是土耳其特有的杏桃、紅石榴、桃子等口味的果汁，都會出現在我們的餐桌。

　　土耳其早餐有些容易製作又好吃的食物，可以使豐富的餐桌更加畫龍點睛。這邊分享給大家。

炸麵包

這道料理也就是很多人口中的「法國吐司」，可以利用家裡剩下的隔夜麵包，減少食物的浪費。聽說這個簡單的食譜，歷史可以追溯到羅馬帝國時代。

我姑姑做的炸麵包實在是太好吃了，一直讓我深深難忘。

食材（2 人份）INGREDIENTS

4~6 塊麵包切片
2 顆蛋
半杯牛奶
1 小匙鹽
油炸用橄欖油

作法 METHODS

1. 把 2 顆蛋打在一個小碗裡，加入牛奶、鹽，攪拌均勻。
2. 麵包切成適當大小，沾裹蛋汁。
3. 橄欖油倒入平底鍋，油量大約填滿整個鍋面即可，不然會太油。以中火加熱。平底鍋熱了之後把一塊一塊切好的麵包，放入油炸。
4. 將麵包兩面各油炸 1 分鐘左右。
5. 起鍋後，可以把麵包先放在廚房用的吸油紙巾上，吸除多餘的油。這樣吃起來不會太油膩。

給女兒的叮嚀：

炸麵包的時候火不要太大。眼睛一定要看著麵包，不要離開廚房，這樣才不會燒焦。

傳統早餐

水煮蛋

我小時候最愛吃的蛋就是這個。作法大家都知道,不過重點是享受吃蛋的過程!

土耳其有很多可愛的盛蛋器,把蛋上方的殼剝開一點,像個火山頭一樣,用小湯匙挖來吃。也可以加一點點的鹽,味道會更好。為平凡的生活添加一點樂趣。

食材(2人份) INGREDIENTS

2 顆蛋
少許鹽

作法 METHODS

把蛋放入滾水中煮,以中火加熱,不要煮至全熟。差不多煮 3 分鐘後就把蛋取出來。

TAVADA YUMURTA

平底鍋蛋

蛋料理的變化。喜歡吃蛋的人，可以嘗試的一種美食。
土耳其人習慣用麵包沾來吃。

平底鍋蛋

食材 INGREDIENTS

　　2 顆蛋

　　1 小匙鹽巴

　　起司（依個人喜好選擇）

　　橄欖油

　　少許胡椒粉或辣椒粉

作法 METHODS

1. 把 2 顆蛋打在一個小碗裡，不用攪拌。
2. 平底鍋倒入一點橄欖油，小火加熱。把蛋慢慢倒進平底鍋，小心不要弄破蛋黃。煎 3-5 分鐘。（上面也可以鋪滿起司）
3. 最後可以加鹽、胡椒粉或辣椒粉增添風味。

給女兒的叮嚀

想增加香氣的話，橄欖油可以用奶油取代，但是要注意身體的膽固醇狀況喔！

料·理 ✕ 變·化

牛絞肉平底鍋蛋

增加食材 INGREDIENTS

100g 牛絞肉

作法 METHODS

在上述步驟 2，先以橄欖油炒牛絞肉。肉熟了後，再把蛋倒進鍋中。煎 3-5 分鐘後就可以上桌了。

傳 統 早 餐

蘑菇歐姆蛋

增加食材 INGREDIENTS

100g 蘑菇蒂

作法 METHODS

把蘑菇蒂切碎與 2 顆蛋、鹽攪拌均勻。倒入平底鍋煎 3-5 分鐘。

蔬菜燴蛋

這道菜也是我老婆第一個學的土耳其家常美食。

在土耳其蔬菜燴蛋有一個有趣的外號,叫做「單身料理」或「學生料理」!
原因是作法簡單、食材便宜。很多學生都會準備這道菜來餵飽自己。

食材(4人份)INGREDIENTS

2 顆番茄
半顆洋蔥
3 條糯米椒(或 1 顆青椒)
4 顆蛋
1 匙奶油
少許胡椒粉
2 茶匙鹽
1 小撮香菜

作法 METHODS

1. 將番茄刨成糊,洋蔥、糯米椒切丁。
2. 平底鍋中放入奶油,小火慢慢加熱約 2 分鐘。
3. 熱鍋後,先放洋蔥拌炒 4-5 分鐘。加入糯米椒,繼續炒 2 分鐘。最後再放入番茄,
   慢慢炒至番茄出汁,利用番茄汁來煮洋蔥和糯米椒。
4. 接著把蛋倒在平底鍋裡繼續邊煎邊攪拌 3-4 分鐘,加一點的鹽和胡椒粉就完成了。
5. 將香菜切碎撒在上面。

給女兒的叮嚀

吃蔬菜煎蛋一定要搭配麵包喔。可以直接將平底鍋上桌。蔬菜燴蛋三餐都可以吃。
也有人加起司或肉。

傳統早餐

前菜

MEZELER

土耳其前菜也可以說是開胃菜。土耳其人非常喜歡吃前菜。幾乎每
次吃飯，桌上都會有好幾道。尤其是與朋友在餐廳聚餐的時候，不
可能沒有點前菜。

土耳其人覺得吃前菜是開始享受美食的第一步。放鬆心情、好好聊
天，吃著前菜再搭配飲料，有時伴著音樂，這些元素加在一起才是
真正的土耳其文化。很多海鮮餐廳會特別請一位師傅專門做前菜。
我爸爸最愛邊吃前菜邊喝土耳其的國酒 Rakı。有時候爸爸不吃主菜，
只吃前菜。

一些餐廳的菜單有超過 50 種前菜的選擇。而且最有趣的是可以一直吃，一點也不會膩。熱的、冷的、橄欖油的、辣的，好幾百種不同的前菜，讓土耳其美食更有特色。

牧羊人沙拉

土耳其人吃飯的時候一定要配沙拉。尤其是海鮮料理，沒有沙拉不行。我想要介紹的沙拉是土耳其最有名、最常見的沙拉，叫做牧羊人沙拉。

這個名字的來源是因為牧羊人牧羊時身上會帶許多隨手可吃的食物，也就是我們沙拉要用的食材。很簡單、而且健康。天天吃都不會膩。

食材（4 人份）INGREDIENTS

- 2 顆番茄
- 2 顆小黃瓜
- 2 條糯米椒
- 半顆洋蔥
- 1 朵生菜（依個人喜好選擇）
- 1 把香菜
- 3 湯匙純的橄欖油
- 1 湯匙檸檬水或醋
- 10 顆醃漬橄欖
- 1 茶匙鹽

作法 METHODS

1. 把番茄、小黃瓜、糯米椒、洋蔥、生菜、香菜切成丁。
2. 將切丁的蔬菜放在攪拌盆，加檸檬水、橄欖油、橄欖、鹽，全部拌在一起就完成了。

前

菜

白豆沙拉

在土耳其吃牛肉丸的時候，如果沒有搭配白豆沙拉就是少了一味。所以每一家賣牛肉丸的餐廳一定會推薦客人吃白豆沙拉。

這個沙拉也是我小時候很常吃的食物。爸爸每次帶我跟妹妹去吃牛肉丸的時候，一定幫我們點一大盤的白豆沙拉。這道沙拉裡需要的食材，在台灣也很容易找得到。記得做做看、好好品嚐。

食材（4 人份）INGREDIENTS

1 粒番茄
半顆洋蔥
1 罐白豆罐頭
1 把香菜
3 湯匙純的橄欖油
2 顆水煮蛋
3-5 顆醃漬黑橄欖
1 茶匙鹽

作法 METHODS

1. 把番茄、洋蔥切成丁。香菜切細碎，水煮蛋切 4 瓣。
2. 清洗白豆。
3. 將切丁的蔬菜和白豆放在攪拌盆，加橄欖油、鹽攪拌均勻，擺上水煮蛋和黑橄欖。

SARIMSAKLI YOĞURTLU BİBER

蒜頭優格口味炒青椒

這道菜通常冷吃。我第一次吃的時候，也是姑姑做的。她若有炸茄子和櫛瓜的時候，一定會準備這道料理。

我第一次做這道家常料理的時候，老婆覺得很奇怪，怎麼可能優格跟青椒放在一起呢！？但是她吃完了之後，發現這道前菜特別美味。連我大女兒也愛吃，但是她的部分我不加蒜頭。

食材（4 人份）INGREDIENTS

100g 優格

2 瓣蒜頭

2 顆青椒

2+3 湯匙橄欖油

1 湯匙辣椒粉

作法 METHODS

1. 先準備蒜頭優格：把蒜頭磨成泥後，加到優格裡攪拌均勻。依個人喜好可以加入一點鹽。

2. 將青椒切成丁。

3. 在平底鍋中熱 2 湯匙橄欖油，放入青椒炒用小火炒 8-10 分鐘。

4. 取一個小平底鍋，加入 3 湯匙的橄欖油，小火加熱，油熱了後加入 1 湯匙的辣椒粉。稍微攪拌一下完成辣椒粉醬。

5. 將炒好的青椒盛盤，淋上蒜頭優格、辣椒粉醬。

SARIMSAKLI YOĞURTLU BİBER

YOĞURTLU PATLICAN VE KABAK KIZARTMA

優格口味的炸茄子 & 櫛瓜

這道菜也算是屬於小菜系列。基本上土耳其把它當成配菜來吃。雖然是炸的，但是蒜頭優格可以解膩。吃起來很清爽。我每次做這道料理的時候會想起姑姑，讓我想到她做的美食。

我姑姑過世之後，我爸爸有時候自己做料理給我們吃。這道是土耳其家庭婦女也還蠻常做的料理之一。整個製作過程只需要 20 分鐘而已。

優格口味的炸茄子 & 櫛瓜

食材（4 人份）INGREDIENTS

    1 杯優格（約 300g）

    2 瓣蒜頭

    1 顆茄子

    1 顆櫛瓜

    油炸用橄欖油

    1 茶匙鹽

    1 茶匙辣椒粉

作法 METHODS

1. 製作蒜頭優格：把蒜頭磨成泥後，加到優格裡攪拌均勻。

2. 把茄子、櫛瓜削皮，可以保留一些皮，增添顏色。茄子切成長片，櫛瓜切圓片。

3. 取一平底深鍋，倒入適量的油熱鍋。油熱後，放入茄子和櫛瓜油炸，兩面炸至金黃即可撈起，放在吸油紙巾上備用。

4. 將茄子和櫛瓜擺盤，可撒上一點鹽和辣椒粉，蒜頭優格可以淋上或是放在小碟中搭配享用。

YOĞURTLU PATLICAN VE KABAK KIZARTMA

FIRINDA KARNABAHAR

特調醬烤花椰菜

這道菜是屬於健康又美味的家常料理。作法簡單，家裡有客人來的時候，可以馬上準備給大家品嚐。

食材（4人份）INGREDIENTS

- 1 個白色花椰菜
- 2 顆蛋
- 3 湯匙橄欖油
- 1 杯優格
- 1 大湯匙麵粉
- 1 茶匙鹽
- 1 茶匙胡椒粉
- 2 茶匙紅辣椒粉

作法 METHODS

1. 將花椰菜切成一小朵。煮一鍋水，水滾後放入白花椰菜煮 10 分鐘。
2. 準備醬料：把蛋打入攪拌盆，加入橄欖油、優格、麵粉，最後加鹽、胡椒粉和紅辣椒粉，攪拌均勻。
3. 將烤箱預熱 180 度。
4. 把煮好的花椰菜浸泡在醬裡。準備一個耐熱的玻璃深盤，擺入沾裹醬汁後的花椰菜，放入烤箱烘烤 15 分鐘。

給女兒的叮嚀

想要吃起司口味的話，在把烤盤取出的前 2 分鐘在花椰菜上鋪起司，以上火回烤一下，口感相當美味！妳會喜歡！

ÇILBIR
YOĞURTLU
YUMURTA

優格蛋

在家裡如果沒有太多時間的話，我就會想辦法做出一道好吃又簡單的料理。

優格蛋我覺得是一個很好的選擇。大人小朋友都很喜歡這個家常料理，也是我姑姑留下來的好滋味。

優格蛋

食材（4 人份）INGREDIENTS

2 顆蛋
3 湯匙優格
1 瓣蒜頭
3 湯匙橄欖油
1 湯匙辣椒粉

作法 METHODS

1. 取一個鍋子，煮半鍋的水。水滾後，把蛋依序打進鍋裡（小心別把蛋黃弄破！），用小火煮 3 分鐘。煮好後用漏勺撈起來放在盤子上備用。
2. 蒜頭優格：把蒜頭磨成泥後，加到優格裡攪拌均勻。
3. 取一個平底鍋，加入 3 湯匙的橄欖油，小火加熱（想要用奶油的話也可以，奶油比較濃郁，但是橄欖油還是比較健康）。油熱了後加入 1 湯匙的辣椒粉。稍微攪拌一下就好了。
4. 最後在煮好的蛋上鋪蒜頭優格，再淋上熱騰騰的辣椒粉醬，就可以品嚐了！

ÇILBIR YOĞURTLU YUMURTA

FIRINDA PEYNİRLİ MANTAR

起司烤蘑菇

我爸爸最愛吃的美食之一是蘑菇，我記得小時候他常常自己進廚房，準備好吃的蘑菇料理給我們吃。尤其是大塊的蘑菇真的讓人流口水。

食材（4 人份）INGREDIENTS

8-10 朵蘑菇

2 瓣蒜頭

10g 奶油

80-90g 的起司

1 茶匙乾蒔蘿葉

作法 METHODS

1. 將蘑菇蒂切下。（蘑菇蒂可以做歐姆蛋，請參考 P71）

2. 將烤箱預熱 180 度。

3. 把切下蒂的蘑菇放在耐熱深盤，將奶油和起司填入蘑菇，放入烤箱烘烤 10-15 分鐘。

4. 撒上乾蒔蘿葉。

MÜCVER

櫛瓜餅

如果有人問我，姑姑最會做那些料理？她的櫛瓜餅絕對會進入排行榜！我在家第一次做這道菜，老婆就愛上它的口感，而且過了幾天老婆還想要吃。我姑姑做的櫛瓜餅是炸的，非常美味！

一些人喜歡直接吃，但我比較喜歡沾在蒜頭優格醬裡面享用。你們吃過一次就會懂我老婆為什麼這麼愛這道菜。

櫛瓜餅

食材（4 人份）INGREDIENTS

2 條櫛瓜
半條紅蘿蔔
2 條青蔥
1 把香菜
2 湯匙橄欖油
2 顆蛋
1 杯麵粉
3 茶匙蒔蘿草香料
1 茶匙胡椒粉
1 茶匙鹽
油炸用油
200g 優格

作法 METHODS

1. 將櫛瓜削皮刨絲，擠乾水分。紅蘿蔔刨絲。
2. 把香菜、青蔥切細碎，與櫛瓜絲、紅蘿蔔絲一起放入攪拌盆，加入橄欖油、蛋、麵粉、蒔蘿草香料、胡椒粉、鹽攪拌均勻。如果太濕的話，可以再加一點麵粉調整。
3. 櫛瓜泥準備好後，可以用手或湯匙捏成一塊塊圓圓的櫛瓜餅。
4. 取一平底深鍋，倒入適量的油熱鍋。油熱後，放入櫛瓜餅油炸，兩面炸至金黃即可撈起，放在吸油紙巾上備用。
5. 可以搭配優格享用。

MÜCVER

前

菜

優格菠菜飯

小時候我很愛看大力水手的卡通。我相信很多人跟我一樣都有這個回憶。
這個卡通讓不少不喜歡吃菠菜的小朋友開始吃菠菜了！

不過我不是其中之一，因爲我姑姑做的菠菜料理好吃到沒有人可以拒絕。
吃完這道料理也許沒有辦法變成大力水手，但是我保證這道料理會讓你
吃的很開心。

食材（4-6 人份）INGREDIENTS

2 把菠菜

1 顆洋蔥

半杯白米

2 湯匙橄欖油

1 湯匙番茄泥

2 茶匙鹽

1 茶匙辣椒粉

1 杯熱水

100g 優格

1 小撮香菜

作法 METHODS

1. 把洋蔥切細碎，菠菜切小段。

2. 在平底鍋中倒入橄欖油炒洋蔥，加入一湯匙的番茄泥加入繼續拌炒 2-3 分鐘後，
   加入菠菜，再加入 1 小杯白米，以鹽和胡椒粉調味。想要的人還可以加紅辣椒粉。
   大概炒了 2-3 分鐘後，加一杯熱水，悶煮大概 10-15 分鐘左右。記得火不要太大。

3. 在飯的最上面加入優格和香菜，想要的話也可以用蒜頭優格。

主菜

ANA YEMEK

我們每一餐至少會有一個主菜。如果有很多客人或一些特別節日，也會多準備。主菜通常熱量最高，讓人容易吃飽。我姑姑通常做兩道主菜。小時候我們先吃一些簡單的小菜，然後喝湯，再來開始吃主菜，這是土耳其人吃飯的習慣。最後可以吃甜點和水果。

在土耳其東部，主菜會有比較多的辣椒和肉類；北部黑海人愛吃魚和玉米；南部地中海和愛琴海的人喜歡橄欖油。在各個區域有不同特色的主菜。一般家庭婦女一次只準備一道主菜也是很常見的，尤其在現在忙碌的生活，通常一個主菜就夠了。

雞肉沙威瑪

沙威瑪是很多台灣人普遍熟悉，也喜歡吃的一道土耳其料理。其實這道菜屬於餐廳跟專業烤肉的料理方式，所以在家自己料理有難度。

雖然台北的土耳其餐廳可以吃得到好吃的沙威瑪，但是有時候我在家裡也會製作簡單的版本。我每次做這道菜的時候，老婆不斷的誇獎我！如果肚子餓，不想要花很長時間做菜的話，那就趕快做我教大家的雞肉沙威瑪！我保證你們絕對不後悔！

食材（2 人份）INGREDIENTS

- 200g 雞胸肉
- 1 湯匙橄欖油
- 2 茶匙紅辣椒粉
- 2 茶匙孜然粉
- 1/4 顆洋蔥
- 半顆番茄
- 1 小撮香菜
- 2 片皮塔麵包（或是墨西哥餅皮）
- 2 湯匙優格

作法 METHODS

1. 雞胸肉切薄片。
2. 在平底鍋中加入橄欖油炒雞胸肉，加入辣椒粉、孜然粉拌炒。
3. 將洋蔥切絲，番茄切丁，香菜切細碎。
4. 在另一個平底鍋中煎餅皮，兩面煎至略有金黃色。
5. 將皮塔餅皮對半切，放入雞肉、洋蔥、番茄、香菜（或是墨西哥餅皮鋪上食材後捲起），可以搭配優格享用。

主菜

KOLAY TAVUK DÖNER

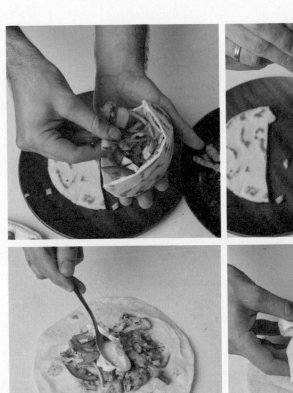

主菜

ÇAKMA MANTI

優格牛絞肉麵

水餃是土耳其最有名的家常料理之一，土耳其語叫做 Mantı。但是水餃的製作過程比較複雜，不是每個人都會做。類似台灣的水餃，最難的部分就是擀麵皮，加上備料、製作麵團也要全手工，所以得花上兩、三個小時。

我們小時候，姑姑和阿嬤很會做這道費工的料理。雖然我們經常吃，但有時候沒有那麼多的時間的話，姑姑就會幫我們準備一種很像水餃的麵。也就是這道料理，Çakma Mantı 的意思是「假水餃」！每次在台灣，我很想念土耳其水餃時，就會做這道料理來吃。我女兒和老婆也很喜歡。重點是不用 20 分鐘就搞定！

優格牛絞肉麵

食材（2人份）INGREDIENTS

　　1杯優格（約300g）

　　2瓣蒜頭

　　半包蝴蝶麵或貝殼麵

　　1盒牛絞肉（約200g）

　　1.5湯匙橄欖油

　　2茶匙鹽

　　1湯匙紅辣椒粉

　　3湯匙橄欖油

作法 METHODS

1. 先準備蒜頭優格：把蒜頭磨成泥後，加到優格裡攪拌均勻。

2. 接下來準備麵。煮一鍋水，水滾後淋上半湯匙橄欖油，加鹽，再倒入麵。煮8-10 分鐘後，把麵撈起，稍微降溫備用。（注意：不用讓麵完全冷掉）

3. 熱平底鍋，倒入1湯匙橄欖油、牛絞肉。火不要太大，慢慢炒3-5分鐘，待肉全 熟即可。

4. 紅辣椒粉醬：熱平底鍋，倒入橄欖油，加一匙紅辣椒粉（可依個人喜好調整，基 本上我加一湯匙半的辣椒粉）。稍微攪拌一下就可以關火了。

5. 把煮好的麵盛在盤子上，先鋪上蒜頭優格，再鋪上牛絞肉，最後淋上紅辣椒粉醬 就可以上桌了。

主

菜

給女兒的叮嚀

可以趁著煮麵的時間準備絞肉醬和紅辣椒醬，這兩個部分不用花太多時間。
這道料理方便、簡單，最後做出來的味道絕對是土耳其人最愛的滋味。適合家裡
有客人的時候做喔！

KURU
FASULYE
骰子牛香料燉豆

在土耳其路上隨便問一個人，最代表家常料理的一道菜，我猜大部分的人說香料燉豆。

這道菜在土耳其的每一個角落都會出現。Kuru Fasulye 直譯是乾豆的意思，裡面用的豆子是珍珠豆，在台灣找不到這種豆類，可以用超市賣的罐頭豆代替。

香料燉豆是我姑姑拿手菜之一。我也吃過其他人做的香料燉豆，但是沒有能煮的出比姑姑還更厲害的味道。有一年的夏天，我表哥來我們海邊的房子跟我們玩。午餐大家餓了，那天剛好姑姑做了香料燉豆。我表哥吃完後，直接跟我姑姑說，你做的絕對比我媽媽的好吃！而且後來我表哥還特地請姑姑幫他再準備一鍋。快 30 年過去了，表哥和我依然沒有忘記當年在海邊享受的味道。

骰子牛香料燉豆

食材（4人份）INGREDIENTS

1 罐白腰豆罐頭

1 盒牛肉丁

半顆洋蔥

4 湯匙橄欖油

1 湯匙番茄泥

1 湯匙紅椒泥（可以在進口超市找到）

2 茶匙鹽

作法 METHODS

1. 清洗罐頭裡面的豆子。

2. 把洋蔥切丁。

3. 鍋子裡面倒 4 湯匙的橄欖油，倒入牛肉炒至半熟後，加入洋蔥，小火炒 3-4 分鐘。

4. 放入番茄泥和紅椒泥拌炒，再加入豆子。

5. 接下來加入蓋過豆子分量的熱水，2 茶匙鹽，加蓋小火燉煮。表面若出現泡泡，可以用湯匙撈除。

6. 煮 30-40 分鐘後可以關火。靜置 10 分鐘讓豆子入味，就可以上桌了。

給女兒的叮嚀

記得煮一鍋香噴噴的飯搭配享用喔！

KURU
FASULYE

主

菜

NOHUT YEMEĞİ

燉鷹嘴豆

鷹嘴豆料理是很多人愛的美食，又營養又容易做，而且不用花很多錢。我高中住在宿舍的時候，一個星期至少吃一次豆子料理。

我爸爸跟姑姑很會做這道菜，我也跟他們學怎麼做，後來大學時住外面我也可以獨立製作一道美味的豆子料理。到現在做過很多次豆子料理都沒有失敗，很容易抓到我要的口味。

燉鷹嘴豆

食材（3–4 人份）INGREDIENTS

    1 罐鷹嘴豆罐頭

    半顆洋蔥

    1 條糯米椒

    1 顆番茄

    1 湯匙番茄泥

    1 湯匙奶油

作法 METHODS

1. 將洋蔥、糯米椒切丁，番茄削皮後切丁。
2. 在平底鍋中熱奶油，加入蔬菜拌炒，再倒入
   鷹嘴豆。
3. 加入番茄泥，倒入蓋過食材的熱水。
4. 煮沸後再悶煮 20-30 分鐘。

主
菜

NOHUTLU TAVUKLU PİLAV

雞肉鷹嘴豆飯

在台灣我常常被問土耳其人是否也吃米飯？畢竟在亞洲米是主食。其實土耳其人也很常吃米飯，雖然沒有天天吃，但是米飯對我們來說也非常重要。與台灣不同的是，土耳其人的米會加奶油和鹽，味道比較重。我記得姑姑煮的飯好吃到讓人不需要配菜也可以吃上好幾碗！

食材（2-3 人份）INGREDIENTS

1 杯白米
1 匙奶油
1 罐鷹嘴豆罐頭
1 盒雞胸肉
1 茶匙鹽
胡椒粉

作法 METHODS

1. 把洗好的米放在溫水裡泡 10 分鐘左右備用。
2. 在一個鍋子放入雞胸肉，倒進蓋過雞肉的水，以小火煮 20 分鐘。高湯備用。
3. 把1湯匙奶油放進鍋中，再倒入白米均勻拌炒 3-5 分鐘，再加入鷹嘴豆繼續小火炒，讓米粒粒分明，口感更好。（一定要不停攪拌，否則米容易燒焦。用木匙攪拌，比較不會傷害米。）
4. 米粒稍微變透明後，倒入剛剛煮的雞胸肉高湯。（這個時候一定要注意比率。基本上如果 1 杯米量，要加 1.5 杯的高湯。）
5. 加入 1 茶匙鹽蓋上鍋蓋用小火繼續煮。請記得煮的時候不要攪拌或一直打開蓋子。避免鍋底燒焦，火候要維持小火。煮 10-15 分鐘，待米將高湯吸附得差不多即可。
6. 等待米飯的時候，可以將煮熟的雞胸肉撕成條狀。
7. 將雞肉絲放在米飯上，關火。打開鍋蓋鋪一張餐巾紙，吸附鍋子裡的水氣，10-15 分鐘後，將米飯攪拌一下就可以上桌了。

NOHUTLU TAVUKLU PİLAV

給女兒的叮嚀

有些人炒米的時候會加一點點檸檬水，因為檸檬水會讓米保持漂亮的白色。但是我姑姑沒有這個習慣。做這道菜，時間、火候都要掌握好，所以需要經驗。也許第一次做的時候會失敗，但是沒關係，至少米有熟就可以吃！除非整鍋的米都焦掉了！

土耳其全麥飯

這道菜是土耳其家庭裡很常見，尤其我爸爸非常喜歡。最大的原因是小麥健康，而且煮的時候很容易抓到想要的口感。煮土耳其式的白米反而容易失敗。小時候姑姑常做全麥飯，我覺得她做的很好吃。

煮的時候也可以加入辣椒。我建議可以放一湯匙的優格，搭配吃吃看！你們會發現優格讓飯變得更美味。小朋友會特別喜歡。

注意：我在書裡面用到的小麥是土耳其的一種特別品種。我猜台灣找不到，其實台灣的小麥也可以試試看，但是我建議如果有機會到土耳其旅行，可以在任何一個超市買到做飯用的小麥，那口感會更對味！

食材（4 人份）INGREDIENTS

半顆洋蔥
3 條糯米椒
2 杯小麥
1 湯匙奶油
1 湯匙番茄泥

作法 METHODS

1. 洗將洋蔥、糯米椒切細碎。
2. 平底深鍋放入奶油，炒洋蔥、糯米椒，待洋蔥成半透明狀，倒入小麥拌炒 5 分鐘。
3. 加入番茄泥，再拌炒約 3 分鐘即完成。

主

菜

FIRINDA SOMON BALIĞI

烤鮭魚

我爸爸很愛吃魚。我們也因爲他的關係，從小就開始習慣吃魚料理。而且每一個夏天，我們都在海邊度假 3 個月，不吃魚不行！我記得小時候我爸爸還特地買了一艘小船，有時候帶我們出海一起釣魚。我們生活的城市，就在世界最小的內海——馬爾馬拉內海旁。

雖然魚類不是很多，但是還是有一些我們很愛吃的魚種。我爸爸每次問我們要不要吃魚？我們就知道那一天晚上會有很好吃的烤魚。而且把一條魚交給我姑姑，又可以保證變得更美味。

食材（4–6 人份）INGREDIENTS

- 2 塊鮭魚
- 4 塊番茄
- 1 顆洋蔥
- 3 條糯米椒
- 3 湯匙橄欖油
- 2 茶匙鹽
- 1 茶匙胡椒粉

作法 METHODS

1. 洋蔥、番茄切半圓片，糯米椒切段。
2. 烤箱預熱 180 度。
3. 取一個耐熱的玻璃深盤或烤盅，把切好的洋蔥鋪在烤盤底，再擺上番茄片，最後放上糯米椒，撒上一點鹽。
4. 放上鮭魚塊，再撒上一點鹽。
5. 最後淋上橄欖油，這樣烤的時候效果會更好。放入烤箱烤 30 分鐘，以叉子檢查魚肉是否烤熟。

傳統牛肉丸

在土耳其牛肉丸等於台灣的魚丸。幾乎每一個角落可以找得到。但是當然有專門賣牛肉丸的地方，也有一些城市因爲牛肉丸而紅起來。其中之一是我的家鄉泰基爾達。如果來到我的家鄉不吃牛肉丸，等於去台南不喝牛肉湯。

這道料理不是很難，但是需要注意好食材跟用料的比率。而且加香料的時候，可以調整自己愛的濃度。牛肉丸是我姑姑的拿手料理。

2018 年的夏天老婆懷孕第二個女兒的時候，我帶全家人一起吃。讓我想到小時候的回憶。我老婆在土耳其最愛吃的美食之一也是牛肉丸。你們在家裡可以試試看，我相信很容易做出讓人流口水的家鄉牛肉丸。我每次做牛肉丸的時候，女兒也來幫忙，這道料理捏的過程很適合讓小朋友也參與。

主

菜

食材（4 人份）INGREDIENTS

500g 牛絞肉（刻度最細的絞肉）

2 顆蛋

2 瓣蒜頭

150g 麵包粉

1 把香菜

1 顆洋蔥

1 湯匙番茄泥

1 湯匙孜然粉

橄欖油

2 茶匙鹽

作法 METHODS

1. 洋把洋蔥、蒜頭刨泥,香菜切細碎。

2. 先把牛絞肉放入攪拌盆裡,打入蛋,加進洋蔥、香菜和蒜頭,
   一湯匙的孜然粉,麵包粉、番茄泥和鹽,開始攪拌揉捏。

3. 這個過程要很認真揉捏,才能把所有的食材融合在一起。不
   需要太用力,重點是均勻,大約 5-8 分鐘可以完成。

4. 完成一個大牛肉團之後,用保鮮膜包裹放進冰箱 30 分鐘。
   讓肉靜置,增加口感跟嚼勁。

5. 從冰箱取出肉團,捏一小塊在手上成丸子狀,不要太大塊,
   盡量一致。

6. 在平底鍋熱油。火不要太大,放入牛肉丸分批煎熟,肉丸從
   粉紅色到變成深咖啡色就代表熟了。

給女兒的叮嚀

用炸的也可以,只是要小心濺起的油。爸爸小時候通常把牛肉丸跟著薯條一起吃,
非常絕配!再加上一個簡單的沙拉和麵包就變成人間美味!

İZMİR KÖFTE

伊茲密爾牛肉丸

已經教大家做我家鄉的牛肉丸，想要再分享土耳其西部最大城市的知名料理，就是伊茲密爾的牛肉丸。這道牛肉丸的製作過程跟我家鄉的一模一樣。但是伊茲密爾牛肉丸多一些小小的細節而已。

食材（4 人份）INGREDIENTS

2 顆番茄

3 顆馬鈴薯

2 條糯米椒

1 個大湯匙番茄泥

2 個大湯匙橄欖油

1 茶匙鹽

300g 牛肉丸

1 杯水

作法 METHODS

1. 將馬鈴薯切成條狀。準備油炸鍋，將馬鈴薯條、牛肉丸稍微油炸過。因為等一下還要用烤箱，所以不需要炸很久。起鍋後放在吸油紙巾上瀝油。

2. 將 1 顆番茄刨糊，1 顆切片。糯米椒切段。

3. 準備醬料：在平底鍋裡倒入橄欖油，放入番茄糊、番茄泥和一杯熱水，以小火煮 8-10 分鐘。撒上鹽。

4. 烤箱預熱 180 度。

5. 取一個耐熱的玻璃深盤或烤盅，把牛肉丸、馬鈴薯片、番茄片、糯米椒一個一個交叉擺入盤內。接下來把剛準備的番茄醬慢慢均勻淋上去。最後再淋上一杯熱水。

6. 把食材放進烤箱。20 分鐘後可以上桌了！

主

菜

TAVUK HAŞLAMA

馬鈴薯紅蘿蔔燉雞肉

雞肉應該是世界美食文化裡最常用的食材之一吧！從歐洲到非洲全世界的人都很愛吃雞肉。我們小時候姑姑也知道大家喜歡雞肉，就常常做出很多不同特色的雞肉料理。其中之一我覺得很值得寫在我書裡面，就是用馬鈴薯跟紅蘿蔔做出來的健康雞肉料理。

馬鈴薯紅蘿蔔燉雞肉

食材（4 人份） INGREDIENTS

    4 塊雞腿

    半條紅蘿蔔

    3-4 顆馬鈴薯

    半顆洋蔥

    2 瓣蒜頭

    1 小把香菜

    4 湯匙橄欖油

    1 茶匙鹽

作法 METHODS

1. 取一個深鍋，倒入 4 湯匙的橄欖油，熱油後放入雞腿用小火兩面煎至金黃。這步驟可以把雞肉裡的水分鎖住。撒一點鹽，取出備用。

2. 將紅蘿蔔、馬鈴薯切大塊，洋蔥切細碎。

3. 在同一個鍋中放入洋蔥、蒜頭拌炒爆香。再加入紅蘿蔔繼續炒 2 分鐘，倒入 1 公升的熱水，加入馬鈴薯，以鹽調味。

4. 將雞腿放入蔬菜鍋中，以小火燉煮 30 分鐘。

5. 將香菜切細碎。雞肉鍋關火之前，撒上香菜，就可以上桌了。

TAVUK HAŞLAMA

主

菜

KIYMALI PATATEŞ YEMEĞİ

牛絞肉馬鈴薯

我小時候很愛在外面踢足球。有時候一直踢球到晚上都忘記時間。晚上回家的時候，一開門就聞到濃濃的馬鈴薯香味，就知道姑姑在做一道特別的料理。這道料理我從小到大都很愛吃。而且每一個季節都可以做，營養又美味。

食材（4人份）INGREDIENTS

200g 牛絞肉
半顆洋蔥
1 個大湯匙番茄泥
4 顆馬鈴薯
200-300ml 熱水
4 湯匙橄欖油
1 茶匙鹽
1 小撮香菜

作法 METHODS

1. 把洋蔥切細碎，馬鈴薯切大塊。
2. 在平底深鍋中倒入 3 大湯匙橄欖油，熱鍋後放入洋蔥和牛絞肉，拌炒至肉熟。通常 3-5 分鐘。
3. 加入一大湯匙的番茄泥，繼續炒。2 分鐘後，再加入馬鈴薯塊、鹽，攪拌一下。
4. 倒入蓋過食材的熱水，蓋上鍋蓋煮 20 分鐘。起鍋前檢查一下，有些馬鈴薯可能需要比較長的時間才會煮熟。水不夠的話，可以再加。
5. 盛盤後，將香菜切碎擺上。

土耳其宮保雞丁

肚子餓了，想要吃點不一樣口味雞肉的話，土耳其式的宮保雞丁就是最好的選擇。香氣夠濃、口感佳。

說到宮保雞丁，我馬上想到我阿姨 Nefis（她的名字）。因為她在做宮保雞丁上很有經驗！我每次去她家，都可以品嘗到最美味的宮保雞丁。

主

菜

食材（4 人份）INGREDIANTS

200g 雞胸肉
4 條糯米椒
1 個黃甜椒
半顆洋蔥
2 瓣蒜頭
1 顆蕃茄
1 湯匙番茄泥
4 湯匙橄欖油
1 杯水
1 茶匙鹽
1 茶匙胡椒粉

作法 METHODS

1. 將雞肉切小塊，蒜頭切細碎，洋蔥、糯米椒、甜椒、番茄切丁。

2. 倒 4 湯匙的橄欖油在平底鍋中，放入雞肉炒 2-3 分鐘，再加入洋蔥和蒜頭一起炒。

3. 洋蔥稍微開始出現香氣後，放入糯米椒、甜椒、番茄。炒了 2-3 分鐘後，再加入蕃茄泥繼續炒 3 分鐘，再加一杯水讓食材悶煮 10 分鐘，關火前加鹽和胡椒粉調味。

飲料 & 甜點

TATLILAR

哇！土耳其美食文化裡面也許最難寫的部分是甜點！因爲眞的很
多，而且幾乎都是世界獨一無二！加上甜點大多也是需要由專門的
甜點師傅製作。家常料理也有不少甜點，但是在家做的甜點通常是
比較容易、速度快，難度不高的。因爲家庭婦女的時間有限，沒有
辦法爲了一個甜點花 3-4 個小時，除非有特別的節日。

我姑姑很會做甜點，而且她很喜歡一直嘗試新的甜點。所以我們在
家吃飯的時候，姑姑若拿出新學的甜點，我們都非常驚喜又開心。
不過如果要吃一些比較難做的，或更多選擇的甜點，我建議你們去
一些土耳其有名的連鎖甜點店，包括 Karaköy Güllüoğlu、Özsüt 、
Savoy Pastanesi、Hafız Mustafa 1864、Saray Muhallebicisi。

SÜTLAÇ

米布丁

這個甜點也是我姑姑留下來的好滋味，她每次做米布丁不到 2 天，我們把全部吃光光。我記得有一天晚上我起床上廁所，結果發現半夜我爸爸偷偷打開冰箱的門在吃米布丁！難怪爸爸的肚子永遠都大大的！

食材（4 人份）INGREDIENTS

1 杯白米
2 杯熱水
2.5 杯牛奶
1 杯砂糖
3 湯匙在來米粉
肉桂粉

作法 METHODS

1. 先把洗好的白米放在鍋子裡面，再加一杯熱水開始煮。水滾了後，讓米慢慢變軟，也記得偶爾要攪拌一下。

2. 鍋子裡面的水被白米吸進去之後，再加入牛奶，用中火繼續煮。這個時候記得要攪拌，不然白米會黏鍋底。

3. 牛奶滾了之後，把火調小煮 20 分鐘。接下來再加白砂糖和事先和牛奶攪拌好的在來米粉，繼續煮 5 分鐘。

4. 最後把鍋子裡面的濃濃的布丁裝在小碗裡，等待降溫之後，就可以放入冰箱冷藏 1 小時。

5. 布丁上桌前記得撒上肉桂粉。

土耳其式可麗餅

小時候每當週末來臨的時候，我跟妹妹特別興奮，因為週末姑姑的時間比較多，我們也不用上課，就可以在家好好享受美食。通常姑姑問我們想要吃什麼，或者有時候她自己做一些驚喜給我們。這些驚喜裡面讓我們最快樂的絕對是可麗餅，在我們的家鄉色雷斯地區很多人叫它 Cıllık。而且當時我姑姑有一個專門做可麗餅用的鐵板。

我自己也會做，但是還是沒辦法跟姑姑比。我在家每次做可麗餅，我女兒也迫不及待在廚房門口等我弄好給她吃。

食材（4 人份）INGREDIENTS

2 顆蛋
5 湯匙麵粉
2 杯牛奶
1 茶匙鹽
橄欖油
果醬（依個人喜好）

作法 METHODS

1. 在一個攪拌盆裡過篩麵粉，倒入牛奶，打入兩顆蛋，加入鹽攪拌均勻。麵糊濃稠度基本上要比玉米濃湯濃一些就好。

2. 在平底鍋中倒一點橄欖油或奶油，鍋熱後就可以舀一勺麵糊開始煎。

3. 底部煎至金黃後翻面。（這部分需要一點經驗，通常第一次做的人有可能前面失敗了幾次！這很正常，再接再厲！）

4. 全部的麵糊煎好後，就可以開始享受了！（煎的過程中，視情況再加橄欖油或奶油）

給女兒的叮嚀

除了原味的蛋餅,還可以加妳最愛的果醬或巧克力醬。我小時候很喜歡姑姑加白糖,但是現在我不想要吃太多白糖,比較喜歡用草莓醬。

HAYRABOLU TATLISI

色雷斯特產糖蜜奶酪餅

我爸爸出生的小鎮叫海拉博盧（Hayrabolu）。人口不到 2 萬人的小地方，有色雷斯區域最有名的甜點。這個甜點的名字跟我家鄉一樣，而且不是每一個地方都可以找得到。書裡面我用的這個食材是我特地從海拉博盧帶回來的，雖然在台灣買不到，但我真的也很想分享給大家。

小時候姑姑常常準備這個甜點給我們。其實這個甜點不一定每一個人都會做。如果跟我一樣用外面買的材料，再泡浸在糖水中煮，很容易做得出來，但是從奶酪餅乾開始都要自己做的話，真需要經驗！

在土耳其還有一個甜點跟色雷斯特產奶酪餅很像，叫 Kemal paşa tatlısı。在土耳其旅行的時候，在一些飯店會遇到這個好滋味。

飲料 & 甜點

食材（4 人份）INGREDIENTS

1 包奶酪餅（約 20 塊）
300g 白糖
1 小把椰子粉

作法 METHODS

1. 煮一鍋熱水，水滾後加入糖，充分攪拌後放入奶酪餅，以小火煮，將奶酪餅浸煮 10 分鐘。
2. 起鍋後，可以撒上椰子粉，搭配冰淇淋享用。

給女兒的叮嚀

土耳其甜點相當甜，這道料理本來要加 1 公斤的糖！但我們調整為 300 克，這樣對身體比較好！

AYRAN

酸奶

在吃土耳其式的飯時，一定要配世界獨一無二的飲料——酸奶。許多去土耳其的觀光客都很喜歡。一些台灣人覺得酸奶有點酸，但是嘗試了幾次之後，很快就會愛上這個味道了。我們全家人都很愛喝。很健康又很容易做。唯一需要的是優格、水跟鹽而已！

食材（1 人份）INGREDIENTS

5 大湯匙的優格
500ml 的水
1 茶匙鹽

作法 METHODS

先把 3 大湯匙的優格放在一個有蓋子的水瓶裡，加入 500ml 的水、鹽，蓋好蓋子大力搖一搖。差不多 30 秒之後，好喝的酸奶就準備好了。加冰塊會更順口。

飲料 & 甜點

土耳其咖啡

咖啡第一次傳到土耳其的時候是鄂圖曼帝國時代。有一個說法是,西元 1554 年兩位敘利亞人把咖啡帶到伊斯坦堡;另一個是,西元 1517 年一位鄂圖曼帝國的長官把咖啡從葉門帶回來。其實不管哪一個來源是正確的,重點是咖啡一進入鄂圖曼社會後就大受歡迎,後來就慢慢發展出咖啡廳文化。

土耳其現有的獨特煮咖啡方式也是鄂圖曼帝國時代發明的。到了 1615 年,歐洲人向鄂圖曼人學煮咖啡,便把這個文化帶往歐洲。從此以後,咖啡紅到世界各地。

土耳其咖啡粉特色是磨的非常非常細,雖然目前在台灣比較難找到土耳其咖啡,但是去土耳其旅行的時候,絕對不要忘記買回家嘗試看看。記得,買了咖啡之後,還需要買傳統煮咖啡用的咖啡壺(cezve)。

飲料 & 甜點

食材(2 人份) INGREDIENTS

2 湯匙土耳其咖啡粉(磨的刻度最細的咖啡粉)
2 杯咖啡杯的水

作法 METHODS

1. 在咖啡壺或是一個小鍋子裡放入開水、咖啡粉,也可以加糖,攪拌均勻後開小火煮。
2. 煮滾冒泡後就完成了。

CHAPTER

4

鄂圖曼帝國的美食遺產

土耳其飲食文化的重要推手

■ ■ ◆

土耳其飲食文化的
重要推手

我相信大家都聽過鄂圖曼帝國，但是比較少人知道土耳其人的歷史發展過程中，鄂圖曼帝國只有 623 年的歷史。真正土耳其民族歷史開始的地方是中亞，而不是現在的土耳其這塊土地。

按照歷史專家的研究，土耳其人的祖先西元前 3000 年在中亞出現了。不過當時沒有人說土耳其人這個名字，而是說突厥人。

突厥人是遊牧民族，也常常跟漢人有不少交流跟衝突。有趣的是，突厥人的歷史記錄幾乎都來自中國。我之前讀的安卡拉大學中文系，一開始學系建立的原因也是爲了要研究中國歷史，來挖掘過去土耳其祖先的生活跟發展。

受突厥人影響

土耳其人最早的飲食習慣，也是從突厥人時代開始傳承下來的。雖然跟現在我們吃的美食有很大的不同，但現在的土耳其美食裡面還是可以找得到來自古代突厥人的一些蹤跡。

突厥人除了馬跟綿羊肉之外，還吃打獵來的動物，包含鹿、鳥類、兔子等等。牛大部分用在種田的工作上，比較少被當成食物。古代的時候，肉類料理方式通常是用烤、水煮或是油炸。那個時代突厥人擅長用旋轉的方式來烤肉，這個作法也成爲現在土耳其人最愛的料理方

善於馬術的突厥人 / The Metropolitan Museum of Art

式之一。

馬對突厥人來說很重要。馬除了提供肉之外，還有馬奶可以利用。
馬奶被突厥人拿來做成一個很特別的飲品，叫做 Kımız（馬奶酒）。現
在的中亞族群還有喝馬奶酒與吃馬肉的習慣，但是在土耳其我們已經
沒有這個習慣。

突厥人的主要移動方式是騎馬，也把很多食物帶在身上。尤其是冬
天氣候嚴峻，突厥人為了度過冬天，發明了不同保存食物的方式。其
中之一是用動物的腸子來做香腸。當時的祖先把肉和不同的香料塞進
去腸子裡，就做出現在土耳其最有名的食物——香腸。我每次回去土耳
其一定會吃，尤其是早餐最適合吃 Sucuklu Yumurta（蛋和香腸）

突厥人喜歡吃的另外一個食物是羊腦，但是這個食物只有高官可以
吃。現在的土耳其美食文化裡的羊頭料理，也是源自這個時代。雖然
看起來有點恐怖，但還是不少人喜歡吃。我記得小時候我阿嬤有一天
準備這道菜，我一開始看到也嚇了一大跳！

土耳其著名的湯——羊腦腳踝湯（Kelle Paça）也是另外一個來自
突厥時代的美食。如果去土耳其旅行的話，可以吃吃看。其實味道一
點都不奇怪，沒有腥味。我相信許多台灣人都可以接受。

另外一個來自突厥時代的食物是起司和優格，也是現在土耳其美食

羊腦腳踝湯 / bnhsu_Flickr

文化裡面很重要的食材。尤其優格對土耳其人來說相當重要，我們幾乎每天都在吃優格或喝酸奶。很多人都不知道優格是突厥人的發明！

土耳其料理的成形

　　接下來我比較想要強調鄂圖曼帝國時代。因為這個時候，才算是真正出現所謂的土耳其料理。而且除了美食之外，藝術、科技、軍事發展最多的時代也是鄂圖曼帝國時代。現在說到土耳其，一般人會立刻聯想到鄂圖曼帝國是很正常的一件事。

　　土耳其美食文化經過不斷的演進，甚至和其他族群互相交流，一直到鄂圖曼帝國時代才算完整。西元 1299 年建立的鄂圖曼帝國把美食當作藝術一樣來經營，也讓現在的土耳其變成世界美食最豐富的國家之一。

　　鄂圖曼人從御膳房到擺盤方式都進行標準化。因為帝國是位於絲路及香料傳輸重要的中樞位置，所以更容易把東方跟西方的文化融合在一起。而且帝國的邊界也受到不少其他民族各式各樣料理方式的影響，讓鄂圖曼帝國創造出更多獨特的新料理。

　　於 1888 年開幕的鄂圖曼美食餐廳 Hacı Abdullah 的老闆說：「現今的鄂圖曼帝國料理至少有五千道，而且還有六千多道已經消失。」中東料理專

家 Yunus Emre Akkor 也說過：「至少有四千多道鄂圖曼料理的食譜不見了。」土耳其的知名歷史專家 İlber Ortaylı 說：「光看鄂圖曼帝國的主菜，就已經有兩千道不同的料理！而且土耳其還有 40 個不同城市獨特的美食文化。」

皇宮裡的飲食習慣

　　鄂圖曼人把國王稱爲蘇丹。蘇丹是帝國的一切，也是讓廚師準備最豐盛料理的最大原因。這些廚師都是經過特選及長時間的訓練，才能進皇宮當廚師。他們只有一個任務，就是讓蘇丹跟皇宮裡的高官品嚐到最美味的料理。皇宮御膳房裡的細節相當的多，從食材到做菜都有固定的程序。但也因爲有這麼多的規則，讓鄂圖曼帝國的美食文化變成世界級遺產。現在若去伊斯坦堡可以參觀托卡比皇宮，這邊可以看到當時的御膳房規模多龐大！

　　首先，鄂圖曼帝國沒有西方帝國所謂的飯廳。蘇丹跟其他官長吃飯時，都坐在地上吃。這種吃法叫 Yer Sofrası。鄂圖曼人在地上吃飯的時候，準備一個矮的圓桌子，大家坐下來一起吃，而且當時沒有人用刀叉（叉子是 20 世紀才傳入皇宮）。當時鄂圖曼帝國人用手和湯匙吃飯。據說這個年代皇宮的湯匙就像是藝術品一樣，有的是用珍貴材料或寶石做成的。

鄂圖曼人吃飯也很講究。比如說：主人先入座後再換其他人入座、主人開動後才能開始吃飯、不能狼吞虎嚥、不能看其他人的臉、喝咖啡的時候不能喝出聲音等等。尤其是蘇丹吃飯的時候，大家都不能發出聲音，整個房間非常安靜。

有關鄂圖曼的飲食諺語，我覺得很特別。其中一個說法是：

吃比較少的人可以當天使，
吃很多的人會害自己。
大家都要注意！
吃少一點就天天有食物吃，
如果天天吃很多就很快沒有東西吃！

皇宮御膳房的鼎盛時期

蘇丹通常跟宰相一起吃飯，不過到了穆罕默德二世（Fatih Sultan Mehmet, 1432-1481）的時代，蘇丹開始一個人吃飯，伺候他的人要在房外。如果蘇丹出巡的話，自己在帳篷裡獨自吃飯。他吃飯之前一定要有人先試過食物，再給他食用。

穆罕默德二世對鄂圖曼美食文化來講算是一個關鍵時刻。最大的原

托普卡匹皇宮的御膳房

因是他想要把整個帝國變得更有規模、更國際、更有影響力。而且他的個性也很特別，喜歡藝術、文化，會講很多外語。結果鄂圖曼帝國在他的管理下，變成世界最強的帝國之一。

穆罕默德二世特地興建許多御膳房。這些御膳房都面海，而且蘇丹專屬的御膳房是另外設計的，專門為他服務。他還搜集帝國內的每一種食材送進御膳房變成料理，專業的廚師努力研發新口味。這個時代的托卡比皇宮有 60 位廚師、200 位助理，他們每天準備食物給 4000 人用餐。如果皇宮有一些特別活動的話，有時一天要供應一萬多人用餐。17 世紀在御膳房工作的人（包含提供食材的人員）總共1350 個人。

鄂圖曼時期常用食材

皇宮的御膳房最常用的肉是綿羊和山羊肉。當時牛肉還不是很流行，到了 18 世紀之後，才開始出現新的牛肉料理。雞肉也不算主要的肉類，只有在夏天比較常吃。

　　蘇丹也常和他的屬下去打獵。當時的獵物大多是鹿及鳥類。鄂圖曼人通常現場處理抓到的獵物，並且吃掉，不太會帶回御膳房做料理。除非是有外國貴賓來訪，會特別準備用獵物做的料理。

　　御膳房也在穆罕默德二世時期開始料理海鮮，穆罕默德二世很喜歡吃龍蝦、蝦子跟魚子醬。據說，伊斯坦堡海峽還會有專人幫蘇丹釣魚。

　　現在的土耳其美食文化裡，番茄佔有很重要的地位。番茄首次輸入是 16 世紀，從美洲進口至歐洲。在 17 世紀時，鄂圖曼御膳房第一次使用的是綠色番茄，一方面擔心紅番茄會比較快壞掉，二方面是紅番茄被鄂圖曼人視為惡魔的蔬菜，所以晚期才開始流行！

　　甜點也是每道餐點後必吃的食物。土耳其還有一個說法：Tatlı yiyelim, tatlı konuşalım! 意思是說吃甜甜的食物，說甜甜的話！光聽這句話就知道甜點有多重要。鄂圖曼帝國時代皇宮裡還特地弄了一個特別的空間叫甜食房（Helvahane）。在這個地方工作的廚師，專門製作各樣的果醬和甜點。蘇萊曼一世（Kanuni Sultan Süleyman, 1494-1566）女兒結婚的時候，廚師準備了 57 種甜點，總共用了 48 噸糖、8 噸蜂蜜！

　　到土耳其旅行的時候，記得品嚐知名的甜點：果仁蜜餅（Baklava）、米布丁（Sütlaç）、雞胸肉布丁（Tavuk Göğsü）、迷你糖煮吉拿棒（Tulumba Tatlısı）、焦糖烤布丁（Kazandibi）！這些都是被土耳其人讚為世界最美味的甜點，但是我的一些台灣朋友覺得口味太甜了！因

此我建議節制點吃，免得跟我一樣每次回去土耳其很快就胖了。

鄂圖曼帝國料理冷知識

　　我在寫這本書的時候做了一些研究，也和我土耳其的導遊朋友聊天。後來收集到一些有趣的故事，想要分享給讀者朋友，讓大家更了解鄂圖曼帝國時代對美食的要求跟重視。

◆ 鄂圖曼帝國時代，飲料用的冰塊來自布爾薩省的烏魯達山（Uludağ）。據說，有一天運送冰塊的人被黑道綁架！皇宮派人繳出贖金，讓他們繼續運送冰塊。這代表在鄂圖曼帝國御膳房裡，冰塊有很重要的位子。

• 發現美洲新大陸後，進口到鄂圖曼帝國的第一個食材是番茄。

◆ 對鄂圖曼人來說，御膳房一定要做出最豐盛的料理，這代表帝國的力量。因此有國外貴賓來訪時，要準備最豐盛的料理，展現他們帝國的權威。

◆ 鄂圖曼人喜歡吃蝦子，當時最好吃的蝦子是在伊斯坦堡金角灣抓的。

◆ 鄂圖曼帝國 450 年間，一天只吃兩頓飯。

◆ 伊斯坦堡托卡比皇宮總共有 5250 平方公尺的御膳房。

◆ 鄂圖曼帝國第一本出版的食譜是 Melceü't-Tabbahin，作者是 Mehmet Kamil，1844 年出版。

◆ 蘇丹的一些料理需要由醫生準備，這些料理具有醫療的功效。

◆ 鄂圖曼人吃飯之前一定要說 Bismillāhir-ra mānir-raīm，意為跟著阿拉開始。飯後也一樣要感恩阿拉。

受西方影響的近代飲食習慣

到了 19 世紀，鄂圖曼帝國受到西方國家的影響，開始改變一些吃飯的習慣與料理方式。這個時候皇宮的人開始坐在餐桌上，並用餐具吃飯。同時，歐洲人也被許多鄂圖曼料理深深吸引。

鄂圖曼帝國的皇宮這麼重視美食，也影響到整個社會。從皇宮開始發展的美食，慢慢延伸到帝國的每一個角落。也許一般人沒有辦法享受那麼多頂級的食材，但是他們也創造屬於自己的美食文化，就是所謂的土耳其家常料理。

　　現在的土耳其總共有 7 個不同的區域。每一個區域有不同的飲食習慣及料理的方式。其中有許多知名的美食之都，像是加濟安泰普（Gaziantep）、埃拉澤（Elazığ）、哈塔伊（Hatay）、阿達納（Adana）、安卡拉（Ankara）等。特別是加濟安泰普，光這個城市就有接近 300 道特色料理，可以說是每個觀光客都要去朝聖的地方。探索食物最好的方式就是到當地親口品嚐。我相信每一口土耳其美食都會讓你愛上土耳其。

土耳其沙威瑪/Photo by Syed Hussaini

伊斯坦堡在地人的
口袋餐廳

大口吃伊斯坦堡

大口吃
伊斯坦堡

我的兩位好友

2016 年在土耳其,有六位年輕人出了一本書名字叫做《大口吃伊斯坦堡》(Yerim Seni İstanbul),這本書在土耳其很受歡迎。書的內容介紹了 230 個店家的美食與故事。這些餐廳都很有特色也有固定的常客,有的餐廳只有在地人知道。

我吃你伊斯坦堡這本書的作家們都是我的好朋友。他們很愛伊斯坦堡,也很懂得怎麼欣賞來自不同時代的土耳其美食文化。這六位年輕人其中兩個兄弟跟我特別熟。一個叫 Ömürden Sezgin、另外一個叫 Varlik Sezgin。大家叫他們 Sezgin Brothers。

2006 年我第一次來台灣的時候 Ömurden 也跟我一起來台北讀書。從那個時候到現在雖然已經過了 13 年,但是我們的友誼一天比一天濃厚。2019 年我爸爸的告別式 Varlik 特地從伊斯坦堡開 2 個多小時的車子來找我,跟我一起弔念爸爸,讓我很感動。

我在寫這本書的時候,特別問他們可以不可以用《大口吃伊斯坦堡》裡面的資訊,分享給更多讀者朋友知道,他們很興奮的說:沒有問題!

接下來的內容擷取書中 10 家餐廳,我特別翻成中文,第一次介紹給台灣人。下次去土耳其的時候,記得找這些餐廳來品嚐。我保證你會難以忘懷。

SAHRA KEBAP VE DÜRÜM EVİ

1

這家餐廳是伊斯坦堡亞洲區域最有名的烤肉餐廳之一。2002 年開到現在累積了不少名氣。專門在做馬爾丁省（Mardin）料理。馬爾丁是土耳其東南部最有特色的城市。這裡的文化跟風景都是國際級的，再加上豐富的族群跟宗教背景讓這個城市相當迷人。這家餐廳我推薦生牛肉（Çiğ köfte）、特殊糙米做的炸肉丸（İçli Köfte）。尤其是生牛肉丸是當天手工現做，用手捏 2 個小時，加了很多香料之後，完全不會發現肉是生的。

這家的菜單很豐富，還有很多獨特的烤肉。最有名的烤肉是馬爾丁烤肉。想要吃很豐富的香料料理的話，我推薦土耳其披薩（Lahmacun）。這道菜也是我老婆最喜歡的土耳其料理之一。最後可以吃知名的甜點庫納法（Künefe，裡面有起司，是一道烤的甜點）。

地址：Acıbadem Cd. Çoşkunoğlu Apt. No:108 Kadıköy/İSTANBUL

2

KARADENİZ ASIM USTA

許多常客說：這家餐廳做出伊斯坦堡最好吃的沙威瑪！而且老闆很熱情，天天有笑容。他的名字叫 Asım。他做傳統沙威瑪超過 40 年了。每天早上先準備 50 公斤的牛肉沙威瑪，賣給好幾百個客人！幾乎每天都大排長龍。午餐時間大家都搶著排隊。師傅切肉的時候可以看到流出的肉汁！餐廳不大，位子有限，所以很多人外帶或站著吃。這家餐廳的位置也很好，剛好在伊斯坦堡最熱鬧的區域，很好找。

地址：Sinanpaşa Mahallesi, Mumcu Bakkal Sokak No:6, 34353 Beşiktaş/İstanbul

3

BALKAN LOKANTASI

如果想要吃很豐盛的料理，而且不想要花很多錢的話，這家餐廳就是最好的選擇。
很多上班族跟學生特地來這裡吃飯。每一道美食都讓人流口水，而且選擇很多。
從鹹的到辣的口味都可以找得到，每天供應 100 種料理。這家餐廳做的美食是標
準的家常料理。之前我跟家人也去吃過，真的很好吃。光看美食的顏色跟多樣性，
真的很難選出最想要吃什麼！我熱烈推薦給大家，在伊斯坦堡旅行時記得去吃，
絕對不會後悔，而且位置很好找。

地址：Sinanpaşa Mah.,Şair Leyla Sok. No:7, Beşiktaş/İstanbul

4

CANIM CIĞERİM

土耳其有一種很特別的料理名字叫 Ciğer。這個是綿羊肝做的烤肉，可以說是一道美味的 BBQ。我到現在沒有遇到不喜歡吃這道菜的人，真的光看食物的照片，就讓人很想要去直飛土耳其去吃。這家店 1999 年開的，評分很高，除了在地人之外，很多觀光客也慕名而來。餐廳的師傅每天特地準備炭烤肉，客人個個心滿意足。吃綿羊肝的時候一定要配烤洋蔥、番茄跟青椒。這裡的沙拉醬是用橄欖油自製的。土耳其的許多明星也來吃過他們的美食。

地址：Asmalimescit Mah., Minare Sk. No:1, Beyoğlu/İstanbul

5

VAN KAHVALTI EVİ

雖然土耳其的許多飯店提供給客人豐盛的早餐，但是如果想要享受更傳統的早餐，我推薦你伊斯坦堡的這家早餐店。凡（Van）是東部最美的城市之一，來自這裡的早餐文化在土耳其相當有名。傳統的凡早餐裡有許多不同口味的起司、手工餅類、水牛的奶做的奶油等等。在伊斯坦堡除了飯店的早餐之外，這是另一個很好的選擇。

地址：Kılıçali Paşa Mahallesi, Defterdar Ykş. 52/A,Beyoğlu/İstanbul

6   HAYVORE

土耳其最美的區域絕對是黑海地區。這裡密集的山脈和森林讓人享受最純淨的空氣。尤其是山上的高原就像一幅畫一樣地美。

Havyore 餐廳的故事也是來自黑海區域，Havroye 是拉茲語，意思是「我在這裡」。土耳其總共有一百多萬個拉茲人。這些人大部分生活在黑海地區的東部，是土耳其最大的少數民族。他們的文化相當豐富，從服裝到舞蹈都很特別。當然拉茲人的美食也不容錯過。這家餐廳專門做黑海地區料理。在伊斯坦堡如果想要享受不一樣的美食，我覺得這家很值得推薦。價格合理、服務很好，許多外國觀光客也很喜歡。我推炸鳳尾魚（Hamsi Tava）、鳳尾魚飯（Hamsi Pilav）、香料燉豆料理（Kuru fasülye）。想要吃甜點的話，可以品嚐榅桲（Ayva tatlısı）。最後記得要喝來自黑海的紅茶。一個人差不多花 300-400 台幣，就可以吃飽喝足。

地址：Kuloğlu Mh., Turnacıbaşı Sok. No:4, 34433 Beyoğlu/İstanbul

KARAKÖY GÜLLÜOĞLU

7

在土耳其旅行的時候，一定要吃世界有名的果仁蜜餅（Baklava），不然等於你沒有去過土耳其一樣。一個人要花好幾年的時間才能變成果仁蜜餅師傅。這家店號稱有伊斯坦堡最好吃的果仁蜜餅。從 1820 年開始營業到現在，超過百萬人拜訪過。世界各個媒體都做過專題報導。這家店在加拉塔大橋附近，官網上會告訴你如何搭乘大眾運輸工具、自駕或是搭船來到這裡。雖然吃那麼多的甜點讓人容易發胖，但是難得來這裡，就先忘記減肥這件事吧！

趕快點一份世界有名的開心果口味蜜餅來品嚐。除了開心果之外，還有核桃口味一定要吃。伊斯坦堡有許多以 Güllüoğlu 為名的甜點店，但是這家沒有分店。

地址：Karaköy, Rıhtım Cad. Katlı Otopark Altı No:3-4 İstanbul
網站：https://www.karakoygulluoglu.com

ORTAKÖY KUMPİRCİLERİ

每次來到伊斯坦堡，我老婆一定叫我帶她去 Ortaköy 區吃土耳其最有名的烤馬鈴薯（Kumpir）。好吃的烤馬鈴薯必須要用很大顆的馬鈴薯，師傅們把烤好的馬鈴薯切開之後，再把客人喜歡吃的內餡放進去。有幾種料可以選，包含：黑橄欖、各種豆子、牛肉火腿、酸黃瓜等等！最後一定要加美乃滋和番茄醬就變成無敵美味。

Ortaköy 區剛好在博斯普魯斯旁邊，有著美麗的海景。而且這裡屬於土耳其最有名的市區。天氣好的時候可以坐著邊吃飯邊欣賞海峽。世界有名的 Ortaköy 清真寺也是這裡的地標。還可以買船票享受一個小時的海峽之旅。附近還有許多咖啡廳和餐廳。交通方便，尤其如果住在 Beşiktaş 區的飯店，更容易來到這裡。

地址：Mecidiye Mahallesi,Mecidiye Köprüsü Sokak,Ortaköy Beşiktaş/İstanbul

TARİHİ SULTANAHMET KÖFTECİSİ

土耳其的牛肉丸實在是太有名了，許多城市有自己的牛肉丸，包含我的家鄉泰基爾達。不過來到伊斯坦堡的話，可以嘗試不一樣的牛肉丸。這家餐廳 1920 年開始到現在都沒有換過味道，一樣保留他們的製作過程。我曾經吃了一次覺得很好吃，而且牛肉丸的味道一點都不會膩。他們最大的特色是製作過程中不加任何香料，和土耳其大部分的牛肉丸不同。

我個人覺得沒有加香料還能有這樣的味道，真的很不容易。每天的午餐時間都可以看得到人潮，生意好到有時候找不到位子坐。這家餐廳也變成伊斯坦堡的地標之一。因為地理位置是著名的觀光區，所以除了土耳其人之外，很多來自各國的觀光客也喜歡來吃。來到伊斯坦堡的時候千萬不要錯過這個百分之百牛肉做出來的美食。記得，吃牛肉丸的時候要配豆子沙拉和酸奶喝，才能感受到最傳統土耳其的味道。

地址：AlemdarMh., Divan Yolu Caddesi, No:12,/İstanbul
網站：http://www.sultanahmetkoftesi.com

10

SIR EVİ RESTAURANT

這家餐廳一樣位在知名的 Sultanahmet 區,所以也很容易吸引觀光客來吃。在網路上的評價也蠻高的。餐廳的氣氛很好,有兩層樓。菜單非常的豐富。除了傳統的土耳其料理之外,也有其他西式美食及海鮮。因為這個區域有豐富歷史文化,來到這裡可以先去市區走一走,然後再到這家餐廳品嚐奧圖曼帝國的美食,有讓人回到過去的感覺。而且還有現場音樂,讓客人邊吃邊享受好聽的音樂。

我推薦的美食是茄子和綿羊肉(Hünkar beğendi)、烤肉料理(Buğu Kebap)、陶罐烤肉(Testi Kebap)、米和青椒或葡萄葉做的美食(Dolma)。這家餐廳一個人差不多花 500-600 元台幣可以大飽口福。

地址:Divanyolu Cad. Hoca Rüstem Sokak,No:10/A Sultanahmet/İstanbul

感謝

　　每本書從無到有，就跟孕育一個孩子一樣，是辛苦但又甜蜜的過程。每個孩子有不同的個性和潛力，而這本新書代表了至少三代的傳承，姑姑從阿嬤那邊學習來的手藝，然後我也正利用這些密技讓我的孩子們繼續享用。

　　這次的書對我來說意義非凡，第一次跟大家介紹照顧我們長大的姑姑，如果她還在的話，現在已經 85 歲了。我很高興用這樣的方式讓她再次出現在我的生命中，也想要再一次感謝她給我們的一切。我在寫這本書的時候爸爸走了，他一直是我生命中最大的英雄，沒有他也不會有現在的我。這本書的撰稿過程中，讓我更想念他們，更深刻體會到他們的恩情與偉大。

　　謝謝我最愛的老婆，因為妳的加入讓這本書更有生命力。還有我的二個寶貝女兒，因為妳們才能真正讓傳承延續下去。

　　最後還要感謝編輯凱林、攝影師 Anson、設計小捲、土耳其餐廳番紅花城，因為你們讓這本書更完整、更精彩。

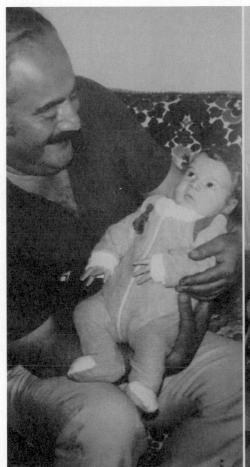

1980-2018 我與爸爸

吳鳳與女兒的土耳其餐桌

傳承 **30** 道愛與回憶的家常料理

JOURNEY OF TURKISH FOOD：MY DAUGHTER'S FIRST CLASS

作　　者｜吳鳳 Uğur Rıfat Karlova

攝　　影｜林永銘 (24open photo studio)

社　　長｜陳蕙慧

副總編輯｜戴偉傑

特約編輯｜王凱林

行銷企劃｜李逸文・廖祿存

整體美術設計｜謝捲子

地圖插畫｜陳宛昀

照片提供｜吳鳳

社　　長｜郭重興

發行人兼出版總監｜曾大福

出　　版｜木馬文化事業股份有限公司

發　　行｜遠足文化事業股份有限公司

地　　址｜231 新北市新店區民權路 108-4 號 8 樓

電　　話｜02-22181417

傳　　真｜02-22180727

電　　郵｜service@bookrep.com.tw

郵撥帳號｜19588272 木馬文化事業股份有限公司

客服專線｜0800221029

網　　址｜http://www.bookrep.com.tw

法律顧問｜華洋法律事務所 蘇文生律師

印　　製｜呈靖彩藝有限公司

初版一刷　西元 2019 年 7 月

定　　價　新台幣 380 元

ISBN　　978-986-359-684-4

國家圖書館出版品預行編目 (CIP) 資料

吳鳳與女兒的土耳其餐桌 ／ 吳鳳 (Uğur Rıfat Karlova)
作 . – 初版 . – 新北市：木馬文化出版：遠足文化發行，
2019.07
　面； 公分
ISBN 978-986-359-684-4(平裝)

1. 食譜 2. 土耳其

427.1351　　108007919

歡迎團體訂購，另有優惠，請洽業務部（02）2218-1417 分機 1124、1135